U0318518

景观设计手绘
马克笔实用技法

Practical Techniques of Markers for Hand-painted Landscape Design

郑志元　吴 冰 ◎著　　陈 刚 ◎主审

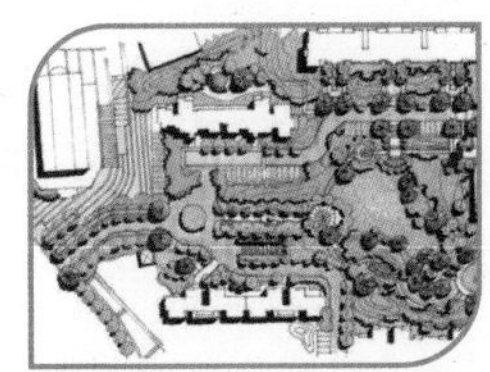

化学工业出版社

·北 京·

本书从景观设计手绘练习的客观规律出发，由易到难，一步步提升，最终达到学习者得到有效训练并快速提高手绘能力的目标。书中首先介绍景观线稿表现的要点与方法解析，进而开展马克笔基本特性及针对性技巧练习的讲解，最终重点对不同景观类型的马克笔具体绘制示范进行深入剖析。书中同时提供了大量景观马克笔练习图，力求在较短的时间内，通过简单、实用的景观马克笔技法讲解，达到最佳学习效果的目的。

本书可以作为景观设计、城市规划、建筑学及室内设计等设计专业的教学用书，也可以作为相关设计人员的参考书。

图书在版编目（CIP）数据

景观设计手绘马克笔实用技法 / 郑志元 吴冰著．- 北京：化学工业出版社，2015.8
ISBN 978-7-122-24386-7
I. ①景… II．①郑… 吴… III．①景观设计－绘画技法 IV．① TU986.2
中国版本图书馆 CIP 数据核字（2015）第 138883 号

责任编辑：徐娟　　装帧设计：王颖
封面设计：韩飞

出版发行：化学工业出版社（北京市东城区青年湖南街 13 号　邮政编码 100011）
印　　装：北京画中画印刷有限公司
710mm×1000mm　1/12　印张 13½　字数 250 千字　2015 年 8 月北京第 1 版第 1 次印刷

购书咨询：010-64518888（传真：010-64519686）　售后服务：010-64518899
网　　址：http://www.cip.com.cn
凡购买本书，如有缺损质量问题，本社销售中心负责调换。

定　　价：45.00 元
版权所有　违者必究

序

在当代设计发展进程中，电脑的出现给设计产业带来的便捷高效，使其在设计领域占据着重要位置。然而设计手稿对于思维创意的瞬间捕捉及设计灵感的有效记录也有其不可忽视的作用，它随意自在的人性化意识表达，是任何时代设计产业都无法丢弃的珍宝。从设计开始发展的时刻起，徒手设计草图便是无可比拟的视觉传播工具，设计师用手绘设计语言表达着自己的创意及思想理念，并毫无遮掩地呈现在大家面前，其是内心思想心灵的写照。设计手绘是正在急速发展的创意产业的原点；是推动当代设计产业发展不折不扣的源动力；也是其自身基本价值的外在体现。同时在现代创意产业发展热潮中，设计手绘带给设计师的不仅仅是思维的瞬间记录，更能让设计师们乐享其中，容快感与成就于一体，不断地推动现代设计产业的内涵式发展。

主流发展观念的不断更新，空间环境的急剧恶化，各界对生活空间景观的高度重视，使得景观设计已然发展成为行业热门。与此同时，近几年中国景观行业的快速发展，景观设计公司的竞争进入白热化阶段，产业分化重组明显，对景观从业者的要求也在不断提高。本书意在帮助在校学生及设计工作者能够在较短的时间内以较快的时间掌握景观设计手稿的精髓，以适应社会的需求。书中清晰而详尽地介绍了景观设计手绘的整套学习过程和方法，层层递进，深入浅出，图文并茂，通俗易懂。

本书作者之一郑志元老师作为合肥工业大学建筑与艺术学院的一名专业课任课教师，其一直在从事设计速写课程的教学研习工作，取得了一定的心得体会；另一作者吴冰毕业于合肥工业大学建筑与艺术学院，其曾任职于多家境内外设计公司，积累了丰富的景观设计实践经验。整本书章节组织合理，相信广大爱好者能够从书中受益。书成付梓，我衷心祝愿他们在事业上取得更大的成功！

合肥工业大学
建筑与艺术学院党委书记、研究生导师
2015 年 4 月

前　　言

中国景观行业的快速发展，对景观设计手稿的要求不断提高，良好的设计草图成为优秀景观公司进行项目投标竞赛的标配，出众的景观徒手绘制表达往往成为标书出彩的关键要素之一。纵观景观设计草图的发展，其已经由烦琐的线稿加厚重的马克笔笔触叠加方式向简洁轻快的景观马克快速表达进行转变，这是适应设计行业及社会快速发展要求的必然转变，它强调的是在短时间内快速绘制物体的空间场景形态，简洁并清楚地表达出设计师的想法，这种特征我们归纳为“重线条＋淡笔触”技法，其必将成为景观设计草图表达及景观马克笔技法运用的主要趋势。本书即从此点出发，注重景观马克笔的设计快速表达，在内容的编排上参考了SWA、AECOM/EDAW、EDSA、EADG泛亚国际、澳大利亚PLACE、奥雅、新西林、赛瑞景观及朗恩景观等国内外事务所公开展示的景观作品，同时考虑到学生平日技法练习与社会工作者实际需要相结合，依据景观的类型进行一一讲解和绘制，让学生工作者在针对性练习景观马克笔技法的同时，系统地认知更多优秀景观设计方案。

本书的内容编排主要如下。第1章讲解景观线稿表现的要点与方法，主要强调景观的线稿特点及线稿重要性。景观线稿与建筑线稿不同，其线条相对比较柔和，具有生命力，通过景观线条的轻重缓急来描述室外空间不同材质特征，并依据透视规律及画面处理原则来绘制充满感染力的景观场景，进而展开景观线稿的练习和作品展示。第2章主要讲解马克笔的基本特征及针对其特征我们应该展开怎样的技巧练习，以达到熟知马克笔特性的目的。通俗来说即是将马克笔当作我们平常使用的钢笔来练习作画，本章节结尾部分提供马克笔练习范例供读者参考学习。从第3章起讲解景观马克笔的分类绘制。第3章首先讲解景观平面图的特性及一般景观平面图的分类，继而展开景观平面图的绘制技法讲解和举例，紧接着第4章讲解景观马克笔透视技法的分类绘制并一一举例。

本书的编排依据景观设计手绘练习的客观规律，由易到难，一步步提升，最终达到有效训练学习者的目的，使其能够更好地表达出自己的设计意图和简明清晰地绘制所需要的室外空间场景，最终达到学有所用、学有所成的目的。

本书的出版离不开集体的努力，感谢读者的鼓励与支持，感谢合肥工业大学建筑与艺术学院众多老师的帮助，正是大家对设计速写的无限热爱，给了我们继续前行的动力。同时还要感谢王颖、王大伟、洪长谨、陈鑫、彭蓬、高玮、张玉婷、王珊珊、曹烨君、王蕾、王祥、朱峥嵘、李冉、姚如娟、汪艳、方涛、吴向葵、陆垠、李昊、綦少华等对本书的出版给予的关心。

编者

2015年4月

目 录

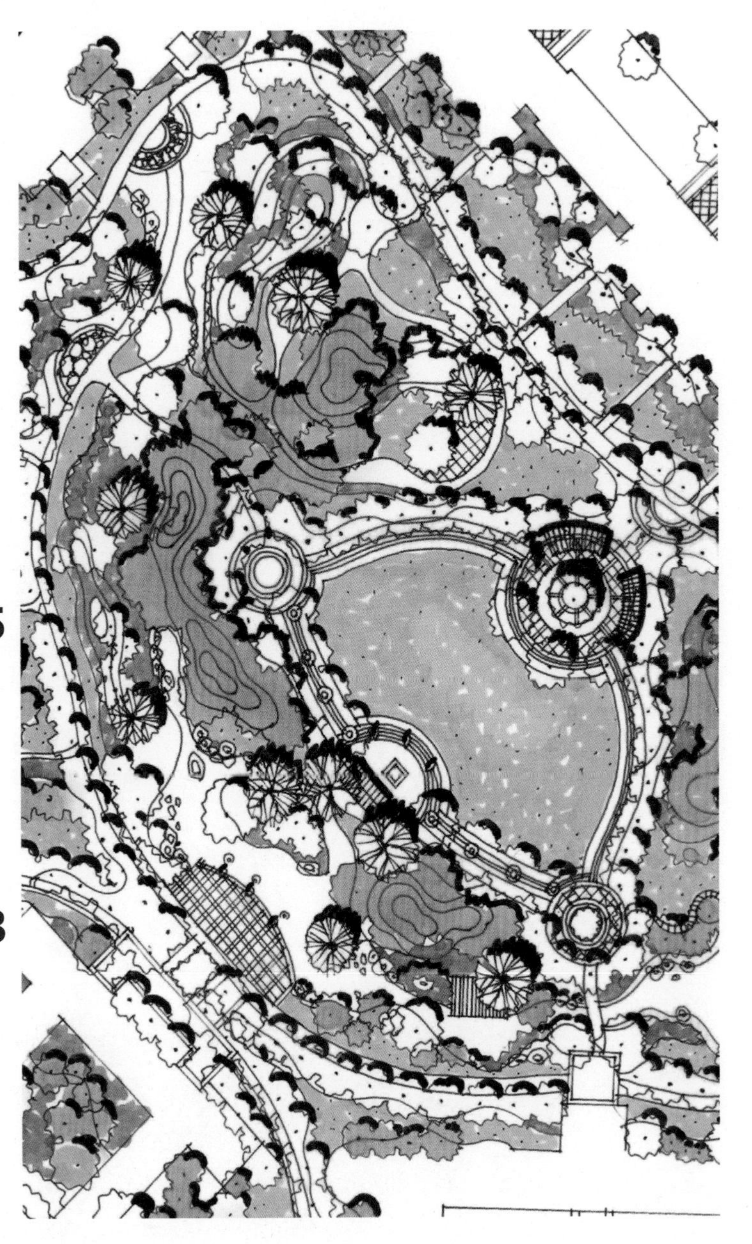

景观线稿表现的要点与方法

在景观马克笔快速表现中，线条是其基本的表现要素，也是决定画面整体好坏的基础，只有线稿出色，马克笔后期着色才会更加出彩。如果把透视关系比喻成景观马克笔快速表现的框架结构，线条则是景观马克笔的灵魂，成熟的线条能够使图形的轮廓饱满和外观结构充实，并且赋予图形以性格及特征，这也是个人风格通过线条表达的集中体现。在具体绘制过程中，每个个体因自身先天生活环境和后天学习工作氛围的不同，其性格特点也各有其特征，最终绘制出来的线条样式也独具特色。

景观线稿通常采用钢笔、针管笔或者会议笔等硬笔工具作画，其笔尖细而硬，通过运笔力量的轻重大小及线条与纸张接触的缓急程度，可以绘制出粗细、浓淡变化的线条效果。然而，在景观线稿表现中，由于景观空间刻画对象众多，线条千变万化，其与建筑速写表现有很大不同。一般而言，建筑速写强调的是用快速而挺拔的线条来刻画出所描绘的物质空间形态，其画面有一个绝对控制中心，此中心同时是画面主要刻画对象，而景观线稿所要刻画的室外物体众多，每一物体也都有其材质属性，因此，景观线稿需要一个相对比较灵活多变的线条来刻画出空间中不同物体特点，从而营造空间氛围。简单来讲，在景观表现图中“除了建筑和硬质铺装是需要借助尺规来刻画，其他物体都宜采取徒手绘制，如此景观与建筑才会产生强烈的软硬虚实对比，从而丰富和活泼整体画面空间。”

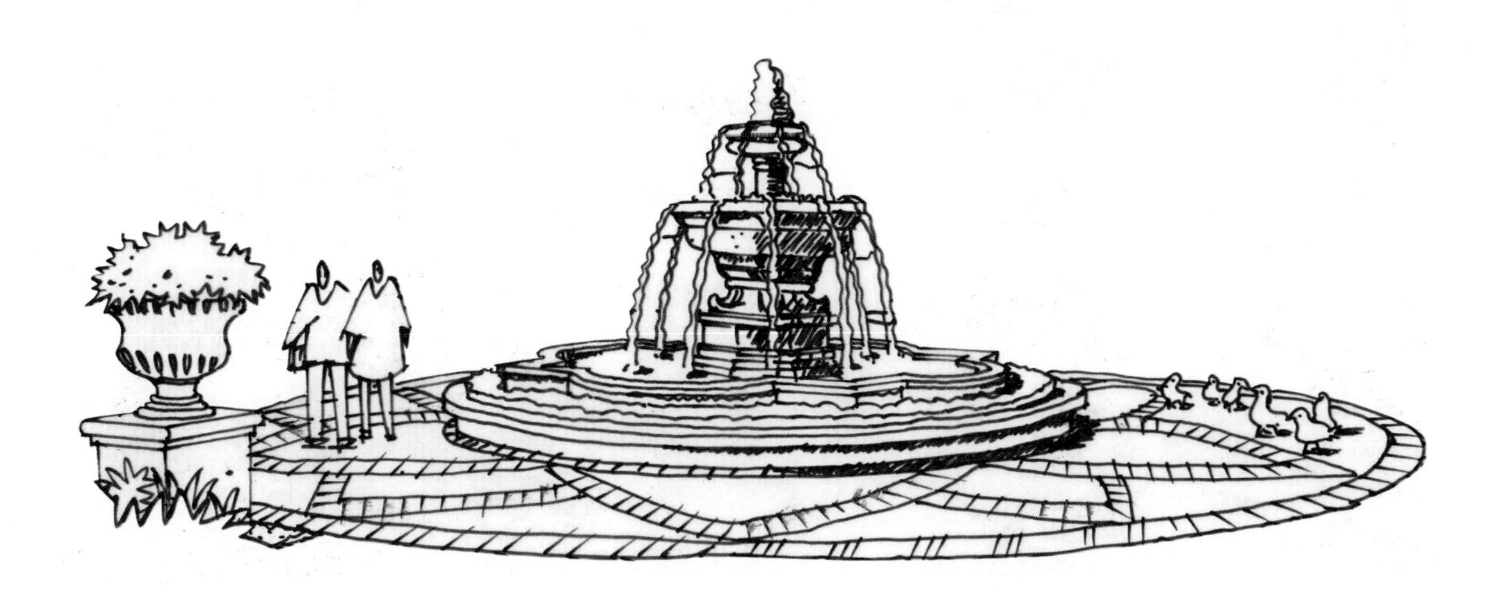

1.1 景观线条的材质属性

相比建筑快速表达而言，景观快速表达所需要刻画的对象众多，其景观线条变化相对丰富。所需要刻画的对象主要包括建筑物、植物、铺装、水、交通工具、人物及其他。此外， 交通工具还可分为车、船、飞机等细类。通过这些物体的有序刻画及组织，形成画面上动与静的韵律感，最终达到使观者得以同设计师一起进入所营造的空间场所中。

植物表现是景观手绘中最重要的内容之一，并往往是初学者最不容易掌握的内容，因为植物种类众多，且其符合圆的几何特征，而诸多初学者对于圆或者单个树木的整体轮廓特征不是很了解，导致较难绘制出精炼和简洁的植物线稿。另外景观马克笔强调的是快速表达物体特征，因此，对树木的表现应该十分概括。

练习的目的是快速、简洁、准确地表现植物特征，将其常用的类型进行归类总结，从而对后期景观植物的快速刻画更加容易上手和进行有效的组合应用。常见的对植物画法的归纳主要从树形出发，如等腰三角形、圆形、梯形、八字形、伞形、品字形等。也有从画面构图出发来考虑植物形态的分类，如前景树、中景树、后景树以及背景树。值得指出的是后一种分类是从植物在画面中的营造功能出发，每一种分类下会存在规则如三角形树形及不规则如八字形的树种，即此种分类已经包含了对第一种的分类。我们从第二种分类展开，按照画面构图的需要，将植物按前景、中景、后景、背景进行分类，并一一列出。练习时，所画出来的树形不应给人以沉重和毫无生机的感觉，在刻画的过程中应深刻体会圆的光影透视特征，结合线条的凹凸穿插及疏密关系来处理，最终达到造型准确、线条快速、画面轻松愉快，打动观者的目的。

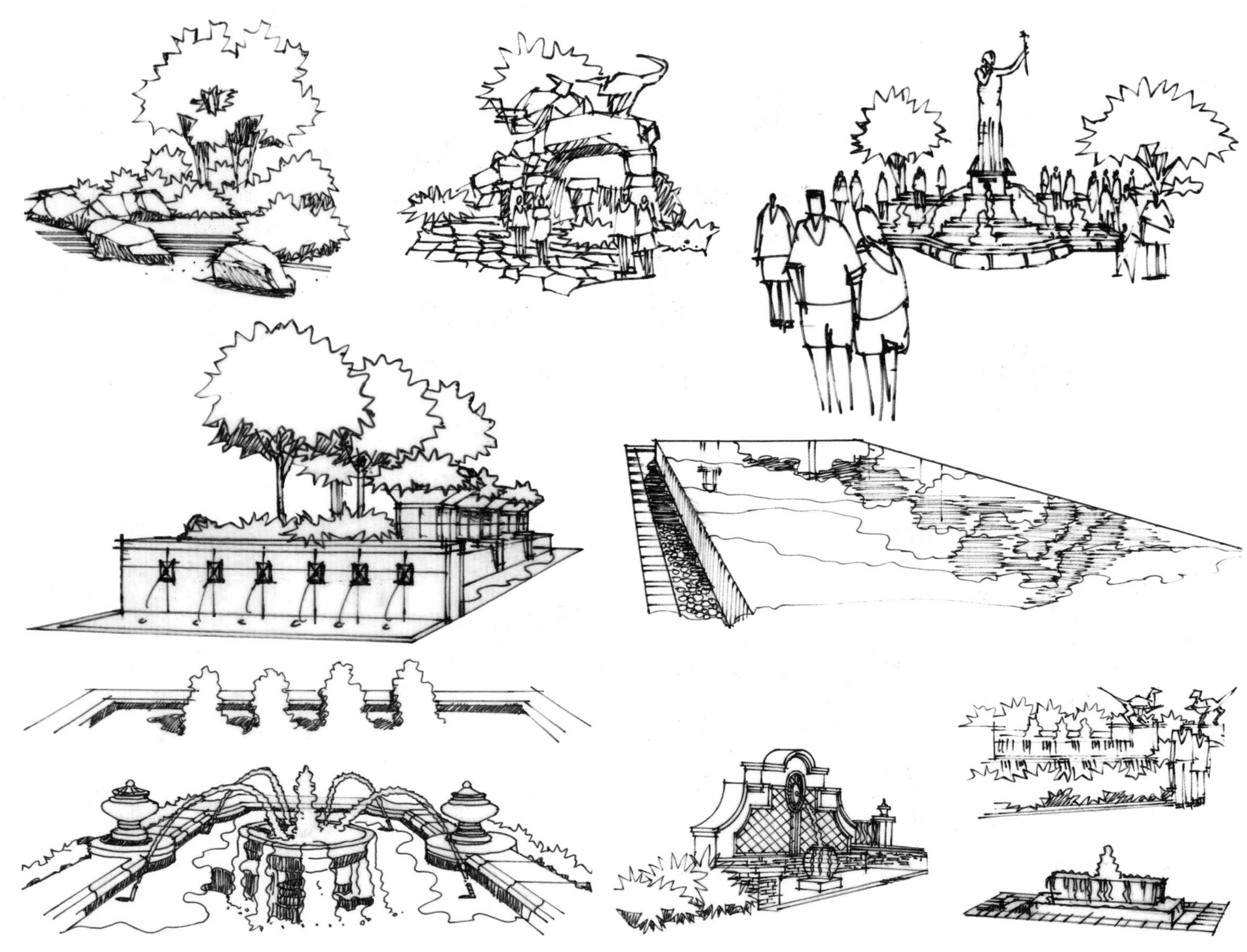

在景观快速表现过程中，我们还需要注意水景的画法。水在活跃景观画面起到非常关键的作用，并且在室外景观图中，经常会展开对水的刻画，其已经成为景观设计不可或缺的要素。水一般可分为两类：一类是静态水景，如湖面、池塘、小河等水流水差对比相对缓和的情形；另一类是动态水景，如瀑布、叠水、涌泉等，其一般都水面高差较大，水流变化明显。在其具体刻画过程中，对于静态水景需要指出的是，不管水面形状如何，其水面天际线应尽量处理成与视平线平行，如此才不会出现刻画完毕后，水面倾斜与实际不符的现象。对于动态水景则需要注意即使是流动的水，其也满足相对平衡的对称特征，如此，画面整体才会比较稳固。

关于石头和其他构筑物的画法，需要注意以下几个方面。

石头质地比较坚硬，其表面肌理相对粗糙，明暗对比鲜明。因此，在具体刻画过程中，其整体线条应该以快速硬朗为主，以便和植物进行对比区分；在细节方面，线条作画次序应始终遵循后画的线条包裹住前面的线条，如此石头的肌理特征便会很自然的体现而出；第三是石头整体材质特征需与周边其他被刻画的物体进行对比才会更加明显，如花草、灌木、人物等。

构筑物常采用石材加工制成，并且某些构筑物材质特征与建筑相符，因而可以辅助尺规作图。采取尺规作图的目的是为了在画面中，通过线条的轻重缓急对比来彰显不同物体材质特征，从而在统一中刻画出中心空间场景的同时，营造出丰富生动的画面感。

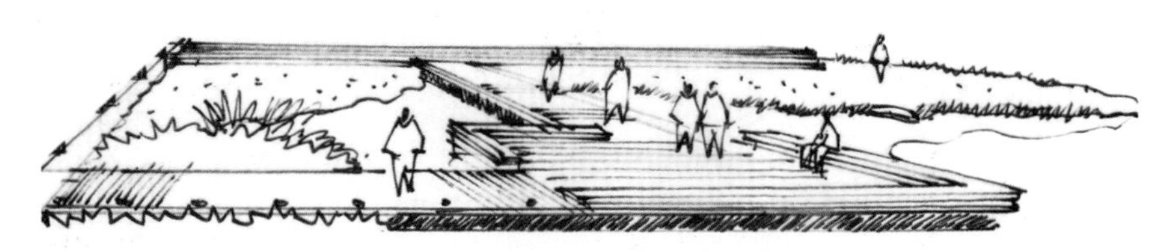

汽车是景观场景中绘制难度极大的配景要素，处理得好，能够有效的营造空间氛围，反之，也可能成为全场的败笔。因其弧线较多，对线条准确性及整体比例关系要求严格，在绘制时，可以将其当做长方体或正方体来展开一步步分割，然后进行轮廓的细化和局部细节的处理，最终绘制出物体。

因受人的视觉高度限制，汽车被刻画出的顶面不宜看得太多，应尽量形成一条直线，与人们的视觉感受相符。

人物在整体画面比例关系中起到画龙点睛的作用，因为大多数人对人物的长宽比例有一个自我的比例关系认识，一旦人物在画面中被刻画出来，其他物体就会有一个相对尺寸，人物的存在不仅能够活跃空间场景气氛，还能够衡量并控制场景的空间尺度感。在具体的刻画过程中，人在站立时头、上身、下身的比例关系基本为1:3:3；坐在椅子上时，比例为1:3:2，盘腿席地而坐时1:3:0.5。在具体绘制中，人物有静态和动态之分，静态人物双脚通常在一个水平线上，动态人物一般双脚、两个手臂前后错落，刻画时需引起注意。

1.2 景观透视的内部规律

透视是景观表现过程中必学的一课。学好透视图对于我们从二维平面上直接绘画出三维空间图有非常直接的帮助作用。在这个过程中，必须对透视原理有透彻的拆分和深入的理解。透视方式一般分为三种：一点透视、两点透视以及三点透视。因绘制景观鸟瞰图只会用到两点透视，这里我们主要对一点透视和两点透视进行讲解。

一点透视即整个画面当中只有一个灭点的透视。其特征是，在实际生活空间中，原先垂直于视平线的线条在画面中依然保持垂直；原先平行于视平线的线条依然保持平行；其余线条相交于一个灭点。按照一点透视规律，其可以归纳为九种状态，即仰视三种、平视三种、俯视三种，各种状态的转换主要取决于人和物体的相对位置关系。

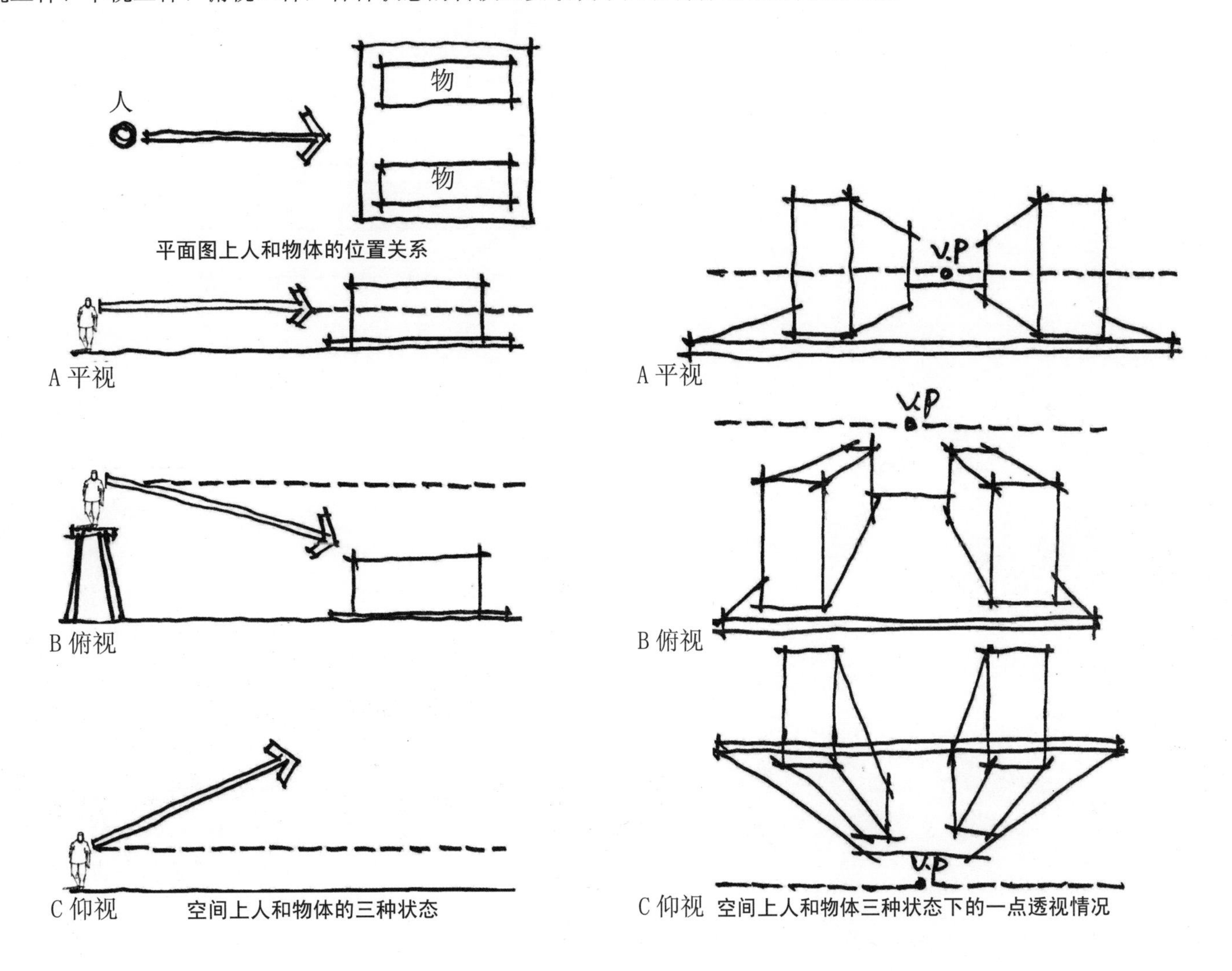

空间上人和物体的三种状态

空间上人和物体三种状态下的一点透视情况

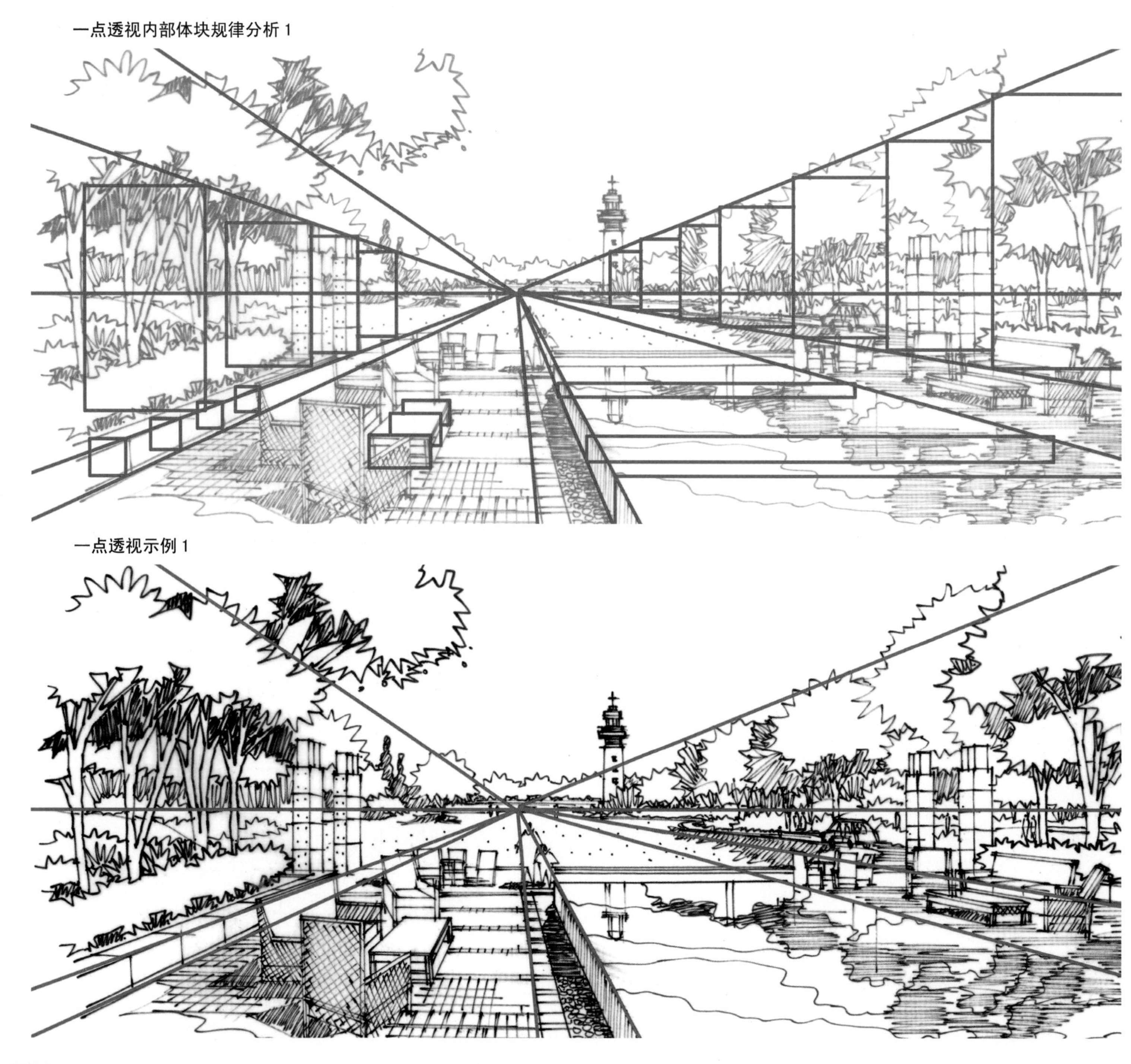
一点透视内部体块规律分析 1

一点透视示例 1

一点透视内部体块规律分析 2

一点透视示例 2

两点透视又叫成角透视，其有两个灭点，即左灭点和右灭点，这两个灭点都位于人的视平线上（需要说明的是，因不同人的身高不一以及同一人不同年龄段身高不同，其视平线一直处在变化之中，这里所说的视平线高度一般是取人们身高平均值）。其典型特征是，在实际生活空间中，原先垂直于视平线的线条在画面中依然保持垂直，剩余其他线条全部相交于两点，其中向左倾斜的线条相交于左灭点，向右倾斜的线条相交于右灭点。按照两点透视规律，其也可以归纳为九种状态，即仰视三种、平视三种、俯视三种，各种状态的转换同样取决于人和物体的相对位置关系。

两点透视是景观设计手绘快速表现中最常用的透视方法，其表现出的空间自由、灵动、变化丰富，相较一点透视而言，更符合人们视觉观赏习惯。

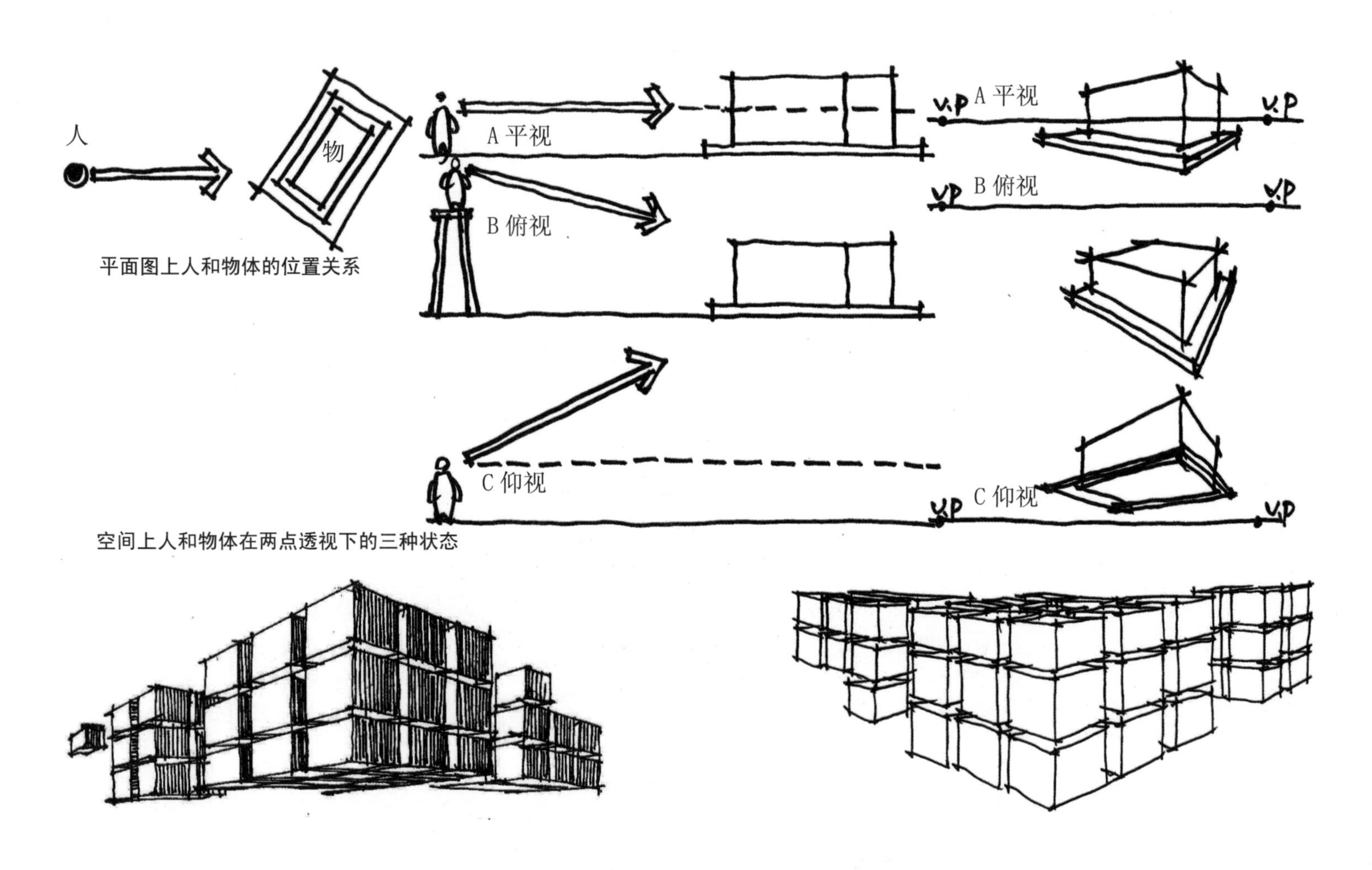

平面图上人和物体的位置关系

空间上人和物体在两点透视下的三种状态

两点透视内部体块规律分析 1

两点透视示例 1

两点透视内部体块规律分析 2

两点透视示例 2

1.3 景观构图的基本原则

景观快速表现的深入程度往往会受到时间的限制，此时良好的构图就显得特别重要。一幅好的构图能够达到事半功倍的效果。一般可以通过画小稿的方式来训练自己的构图能力，也可以通过临摹一些优秀的景观表现作品，学习其他绘图者在画面处理过程中的构图与留白技巧。构图常用的形式包括均衡式、水平式、垂直式、S 形、L 形、三角形等。构图遵循的基本法则是：视觉中心突出，画面均衡，视点考究，疏密关系恰当。

视觉中心突出是指每张景观设计表现图所表现的空间都会有一个主体，在具体表现过程中常常会花费较多时间在主体刻画上，利用黄金分割线和一定的明暗关系来突出主体，使光线聚集在主体上。画面均衡包括对称均衡和非对称均衡。在表现比较庄重的景观空间设计图时，可采用对称的构图形式。如要表现活泼、生动的景观空间设计图时，则应该打破构图的对称形式，使其产生动势，从而使画面具有丰富的韵律美和节奏感。视点考究是指在具体绘制图形之前，就应该反复推敲透视角度，最终确定能够较好地表现出设计意图以及符合视觉审美习惯的视点。疏密关系可分为形体疏密和线条疏密或两者结合，也就是点、线、面的组织关系，其将直接影响到整幅表现图的视觉效果。在实际景观快速表现绘制中，一般是主体密，配景疏，甚至放弃次要部分以产生更为强烈的疏密对比关系，从而突出中心。

1.4 景观空间的绘制步骤

绘制步骤示例 1

在着手绘制景观空间图时，首先是对被表现物体进行全面的分析和观察，确定其典型透视特征、视平线与地平线在画面中的位置、空间递进的组织手法等关键信息，为具体展开刻画做好铺垫。第一次草图，不用特地强调单个物体的造型完整性，只需要用简单的几何图形来勾勒出物体的空间性即可，这个时期的重点是通过线条的有序穿插，营造出物体的空间场所感。

草图确定后，开始进行下一轮的细化，在此过程中，其重点则为详细地刻画出场所中不同物体的造型特征及材质属性，并有针对性地刻画出画面中心物体。

最后一轮线稿，根据自己的设计意图，对物体进行明暗刻画，对需要重点表达的特定空间进行进一步的完善，直至画面空间效果达到设计预期。此时，景观空间的线稿部分基本结束，可以进行马克笔的着色。

绘制步骤示例 2

用简单几何形体刻画出空间场景，强调空间大关系，明确空间主次，即视觉中心和重点刻画对象，为后续深入做好铺垫。

对画面中不同个体进行进一步区分刻画，在表现物体造型的同时，明确不同物体材质属性，进一步丰富画面，使整体画面相较初稿有质的提升。

根据设计表达需要，对景亭及周边植物进行详细刻画，以达到前后对比明显，突出景亭立体空间的效果，最终成为画面视觉焦点。

绘制步骤示例 3

明确大门在画面入口造型中的主体地位，确定圆的铺装形态在场所中所处的位置及其与周边被刻画物体的衔接关系。圆在刻画过程中一直是设计师徒手表现的重点和不能忽视的难点。

依据草图进行深化，通过线条的搭配，刻画植物配置的造型，通过运笔的轻重缓急，达到景观中软景和硬景的对比，从而丰富画面。

视角的选择对于画面的生动性起到比较大的作用。此幅景观表现图，被刻画的人物基本都在视平线以下，包括小汽车的处理，也能看见其顶面。在一般情况下，汽车的顶面和人们站立时的视平线处在同一条水平线上。画面通过对入口大门的进一步明暗刻画来突出视觉中心。

绘制步骤示例 4

此图为典型的一点透视空间。依据一点透视原理，快速勾勒空间场景，使被刻画物体形成基本围合感。

进一步细化，分别刻画单个对象，着重处理灭点区域空间，形成视觉中心。

根据画面特征和空间表达需要，进行物体的明暗刻画。通过场景中人物的有序组织和线条的疏密程度，拉伸画面空间感。

绘制步骤示例 5

用简单几何形体快速形成高低不同的层次空间，营造画面空间感。

细化不同物体造型特征，突出画面中对比与统一的关系，丰富画面。

明暗的处理进一步丰富了空间场景，同时使得人们的视线集中于被刻画物体的中心，达到画面所表达的效果。

绘制步骤示例 6

在快速处理过程中，需注意弧形道路与视平线的关系。一般而言，弧形道路的近端部分应和人们的视平线保持垂直，只有这样，道路的刻画从视觉上是符合人们普遍心理认知，否则道路会因不符合透视特征而倾斜。

在处理好弧形道路与视平线关系后，可展开物体的细部刻画，通过线条的控制将植物、构筑物及建筑进行区分，形成空间前后递进关系，最终营造出画面所需美感。

最后通过排线，重点刻画视觉中心物体，使画面疏密有致，前后空间关系良好。

1.5 景观线稿的作品展示

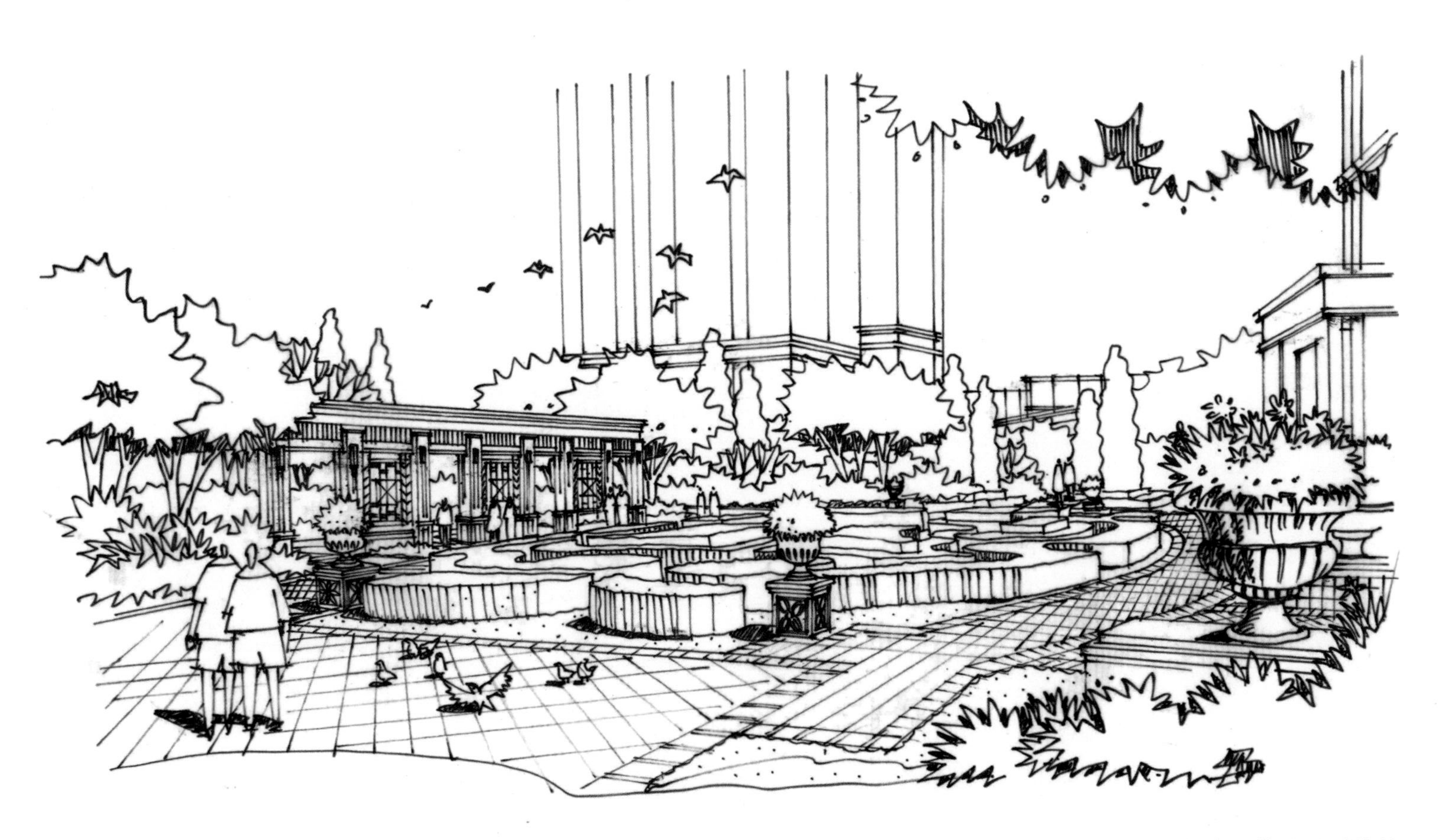

线稿的黑白表现是设计师最常用和最重要的一种表现手法，能够快速表现空间形体的转折和相互关系，增强画面整体体积感。线稿的练习是马克笔上色的基础，其需要大量的练习才能一步步提升。绘制景观线稿需要笔触流畅，准确表达形体和比例关系，塑造较强空间感。

线稿在表现过程中更多地加入了个人主观因素，画面的重心强调的是物体真实的描绘和再现。其画风相对比较严谨。细部的刻画和整体的画面转折都精细准确，从而提升画面层次感。

线稿通常使用钢笔或专业绘图笔进行绘制，其下笔后不易修改，所以需要作画者具备深厚且扎实的速写功底。若要表现自如、准确、生动，需勤奋练习，只有这样，方可达到娴熟、流畅，所绘制的图形才具有生命力的效果。

线稿画面效果主要依靠线条的粗细和排列的疏密来表现空间场景的黑白灰变化，而这些也就是画面中点、线、面三者之间的相互关系。疏密变化处理不好，画面易出现拥挤或分散的现象，缺乏节奏感和韵律，最终导致画面呆板乏味。线条和形体在画面中的不同视觉及艺术效果，使画面内容丰富多样。

在一定程度上，临摹优秀作品是最直接和有效的方法，临摹的过程不仅是对优秀作品的一种学习，更多的是一种领悟。在临摹的过程中应注意感受创作者的创作思维，同时寻找适合自己风格的作品，为自身日后独立创作奠定基础。

有效、大量地临摹优秀作品，可使练习者从中获得经验，受到启发，是其快速提高手绘表现能力的便捷方式。

临摹可以尝试不同风格的作品，拓宽眼界，丰富表现手段，从专业的角度上定位自己未来的发展方向，而不是单纯地从技术角度考虑画面的好坏。在具体表现过程中，要注意体会原作的精神实质，把握画面整体关系，分析细节的处理，从而领会作者对环境空间的观察并了解其作画的程序和手法。

在积累了一定景观速写作品之后，可以尝试着进行设计草图的快速表现，即随意自由地快速表达出自己对于设计所形成空间的想法。其没有固定的表现风格，也不用太在意透视对场景的约束要求，一切都是在快速状态下的无意发挥，所呈现的图形也许是单调、丰富、呆板或者有趣，这都是一个自然而然的过程。在这个过程中，一切的想法和构思会随着图形的快速绘制而变得有趣和出乎意料，通过此练习能够一步步增强设计师对方案设计的敏感度，同时乐在其中。

在快速表现前期，个人状态还不是很稳定，其线条也曲直不一，这些都是初始阶段的正常现象。在练习不断增多的后期，关于线稿的快速表现，会形成自己的心得，如画短直线时，强调的是一气呵成的迅速表达，而在画长直线时，一般用抖线来表达，如此曲直结合，画面更加灵动。

流畅的线条组织会使画面空间更加精彩，对于画面焦点的处理，应注意从画面中心向四周形成由密到疏、由丰富到简练的变化效果，同时注意地面线条的有序组织，在增加场所进深感的同时，画面会显得更加稳重。

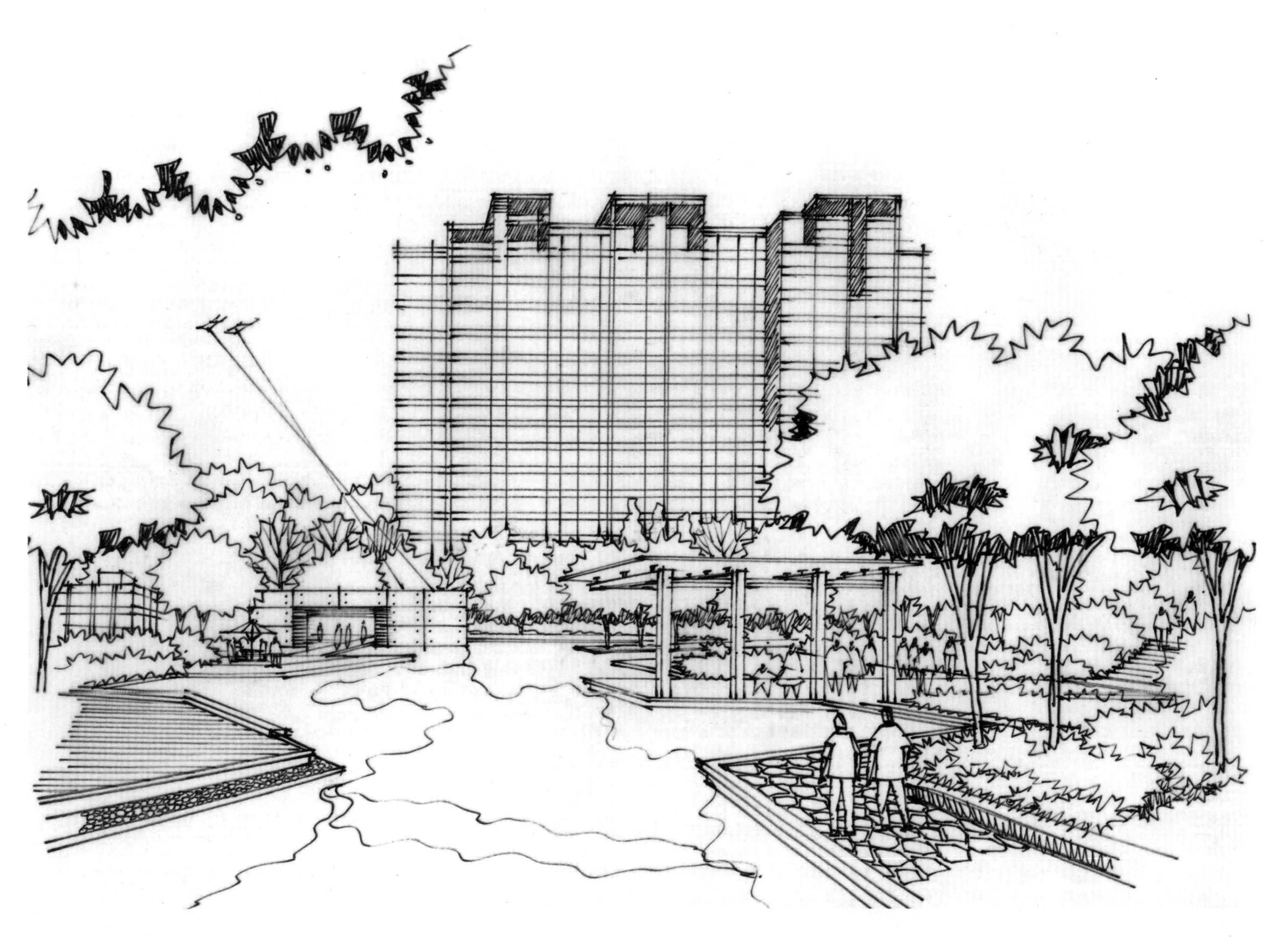

局部的尺规作图和徒手绘制产生强烈对比感的同时，也使不同物体材质属性更加清晰，易于人们对场景的快速解读。

在快速表现过程中，还需注意画面构图的有效组织。好的构图在景观线稿表现过程中不仅能够快速表达画面空间感，还能起到事半功倍作用。

2 马克笔的基本特征及练习技巧

在正式绘制景观马克笔快速表现之前，我们有必要对马克笔的特性有一个基本的认识。只有熟悉操作工具，在具体使用过程中我们才能得心应手，绘制出我们所需要的空间效果。马克笔强调的是快速表达出场景的第一印象，而很多设计工作者却一直沉溺于写实的刻画画面，强调的是材质的真实塑造，以及投影、反光、颜色渐变等难度较大的内容，这种绘制方法需要消耗大量的时间和精力，效率较低。我们应该转变此种心态，快速表现的目的是为设计进行服务。

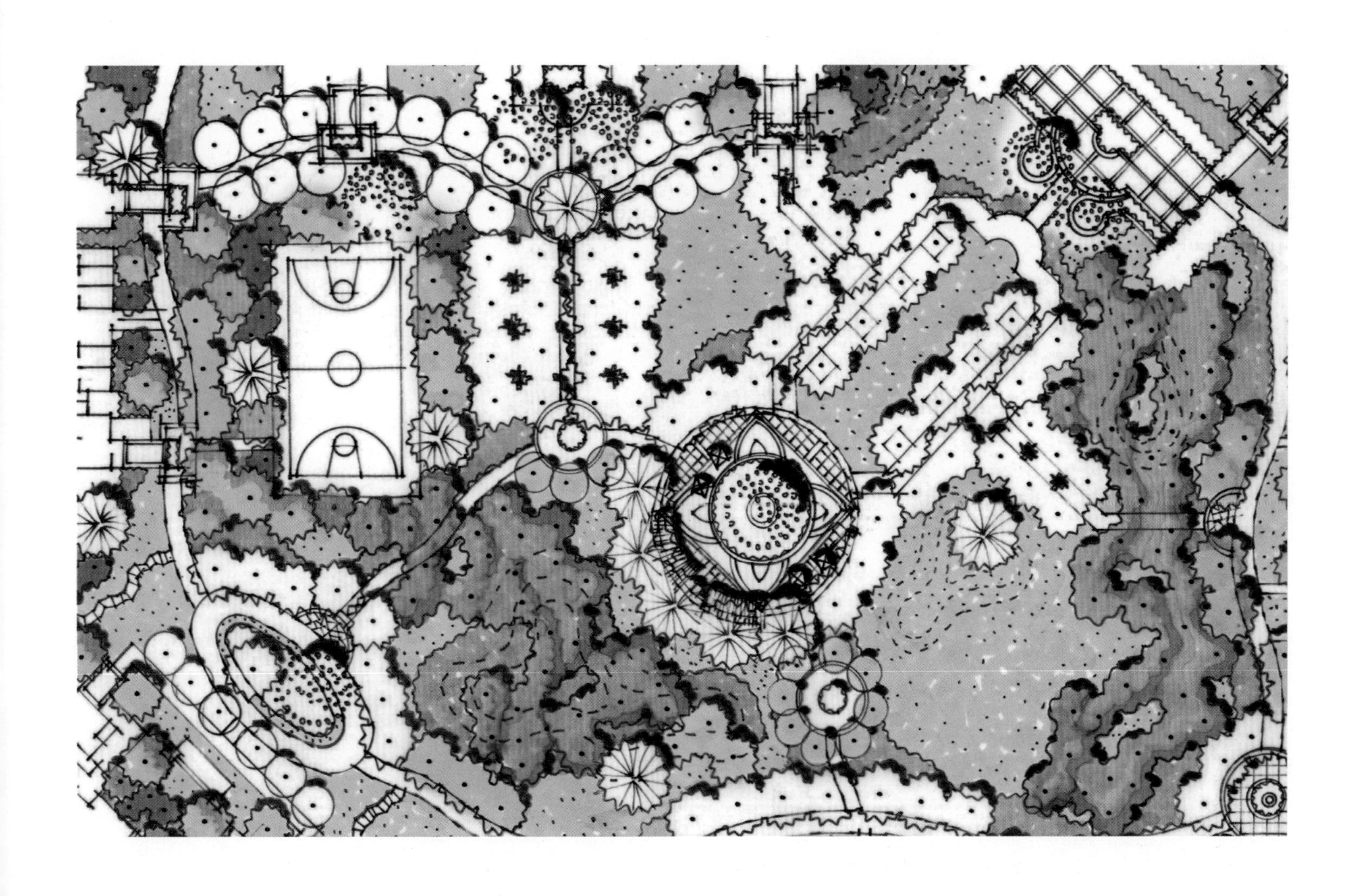

 2.1 马克笔的基本属性

马克笔又称麦克笔，是英文“MARKERS”的音译，是从国外进口的一次性快速绘图用笔。最早出现于19世纪下半叶。是作为标识用途的一种记号笔。最早的马克笔只有一个笔头，呈圆形或斜方形，而现在的马克笔笔头有单头和双头之分，笔头粗的有扁方形、圆形，细的如同针管笔，笔触明显，附着力强，分别可画粗细不同的线条及明暗，可在任何媒介和场合书写。当它被设计师采用时，其品种和色彩从原本简单的原色发展到如今的由浅到深，由灰到纯，拥有上百种的色彩。马克笔在表现方面有色彩亮丽、着色便捷、用笔爽快、笔触明显、成图迅速以及携带方便等特点，给表现者提供了极大的方便。

马克笔按照注入的溶剂不同，可以分为水性、油性、酒精三种。其中油性马克笔以有机化合物作颜料溶剂，其色彩透明、纯度高、渗透力及蒸发性强，颜色柔和并且经过多次叠加都不会伤纸。因其可以在任何材质表面上使用，其使用范围非常广。水性马克笔特点是颜色亮丽具有透明感，表现力强劲，其常常可以结合彩铅、水彩、透明水色等工具进行使用，达到使画面丰富多彩的效果。其缺点是颜色多次叠加后易变灰，并且比较伤纸张，不宜多次修改、叠加。酒精性马克笔是以酒精来调和油墨，因此酒精性马克笔的颜色不容易遇水化开，而且气味相较油性笔而言不是很刺鼻。

马克笔品牌有日本的YOKEN（裕垦）、KURECOLOC（吴竹）、COPIC、美辉，德国的EDDING（威迪）、SCHWAN（天鹅），美国的BREEZE、BEROL、AD、PRISMA、三福，法国的STABILAT-OUT以及韩国的TOUCH、MY-COLOR等，国内品牌有FANDI（凡迪）、TRIA PANTONE彩色马克笔、EAGLECOLORATR马克笔、COPIC SKETCH马克笔等。

在具体展开马克笔上色之前，需要挑选马克笔，选出适合自己的马克笔颜色，通常用色号来区分。一般标注正规的马克笔色号清晰，并且数量较全，方便人们选取。对于作图者来说，所挑选的马克笔不宜太艳，整体应以灰色调的颜色为主，在灰色的大调子基础上展开颜色冷暖的区分，可分为WG和CG。其中CG又可以进行细分，划分为BG（蓝灰）、GG（绿灰）、CG（中性冷灰）。在灰色区分完后，还有R（红色）、Y（黄色）、G（绿色）、B（蓝色）、PB（紫色）进行挑选，并且也可分别将其分为冷暖两个色调。

马克笔下笔后不易涂改，并且其笔触较大，因此对绘画者的要求很高。其在下笔前就应该对于被描绘对象的结构、体块穿插关系、节点造型有一个清晰而明确的认识，提前考虑好下笔的位置和笔触的组织方式。马克笔在落笔的那一刻，其速度应十分快速，只有这样，才能干净利落地快速刻画出物体，打动观者。

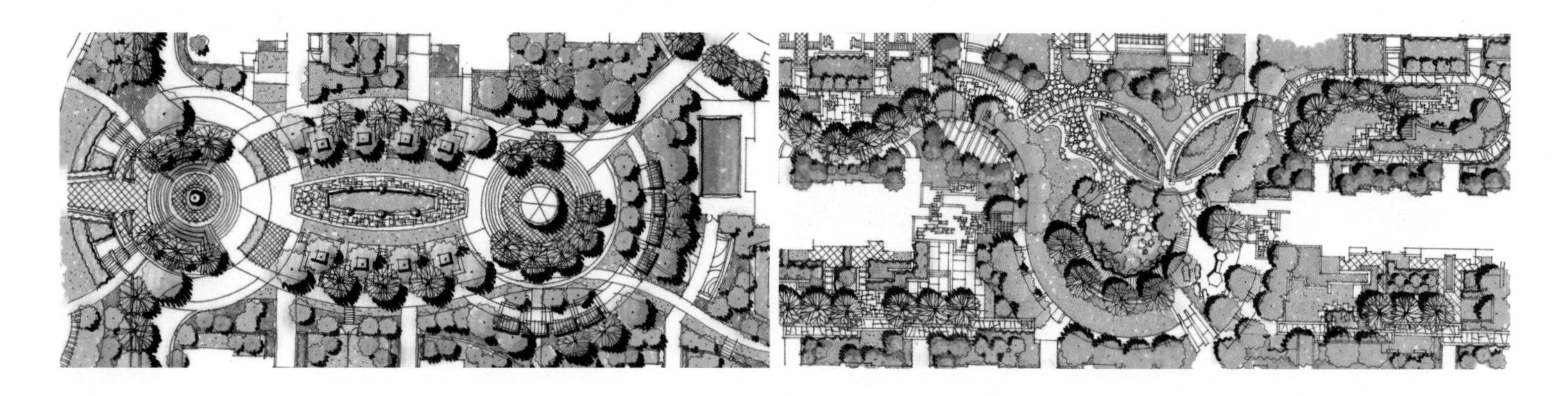

2.2 马克笔的绘制技巧

颜色和笔触是马克笔快速表现最重要的两个要素。控制马克笔应快速果断，笔触要大气稳重而又有张力。无论是单色重叠、复色重叠，还是换笔继续刻画物体，整体表现过程应一气呵成，快速果断。这对于设计者的要求很高，因为只要开始刻画，就要快速运笔完成。一般设计工作者通常会采用 AD 马克笔进行物体刻画，其笔头圆润，笔触过渡自然，效果较好。而日常训练可以使用价格相对适中，同时又能起到相同训练效果的法卡勒（FINECOLOUR）牌马克笔。

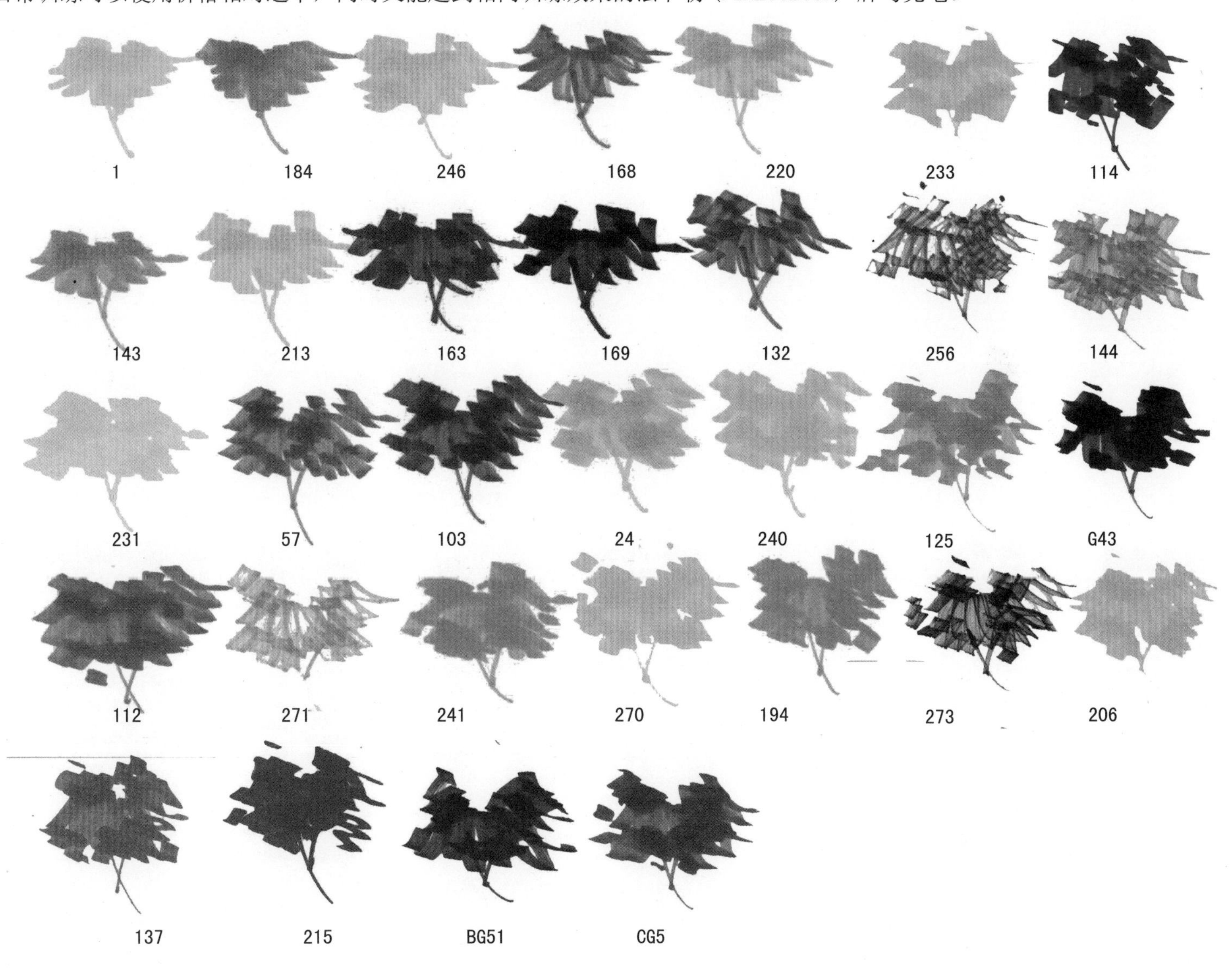

马克笔的练习及提高不是一蹴而就的，而是在一点一滴的练习中，积累经验，最终达到熟能生巧、勤能补拙的效果。在马克笔上色之前，我们需进行基本的马克笔笔触练习，以增加我们对马克笔的认识，培养和马克笔的感情，在认识中了解马克笔的特性，这样我们才能娴熟地操控它，绘制出我们所需要的颜色和效果，达到辅佐设计的目的。

马克笔笔触练习可分为以下几种：弓字形笔触、摆笔触、刷笔触、倒八字笔触、方块笔触、圆圈笔触、拉长线笔触及拌笔触等，而其画法可以大体分为干画法和湿画法。下面我们来进行一一讲解。

一般用的马克笔，其笔头截面形状为长方形，即由笔头的四个顶点所闭合形成的图形。在具体绘制过程中，笔头的四个顶点与纸张的接触可以分为一个顶点接触、两个顶点接触、三个顶点接触及四个顶点接触，顶点与纸张接触的多少，将直接影响到马克笔线条的大小和形状。一个顶点与纸张接触，通常画出来的是线；两个顶点由于水平方向和垂直方向的作画次序不同，其表现出来的可以是线，也可以是面，两个顶点作画是最常用的方法；三个顶点则可以自由地在线和面之间进行无缝的切换，通常用来绘制天空；笔头四个顶点同时与纸张接触，其呈现出来的是面的效果。

马克笔笔头的两个顶点与纸张接触是我们常常会出现的作画状态，因此，我们需要对其进行多次练习，熟练马克笔的特性，使之对其认识深刻，两者之间培养良好的感情。这样，我们才能够顺其自然地绘制出所想要的场景空间效果。

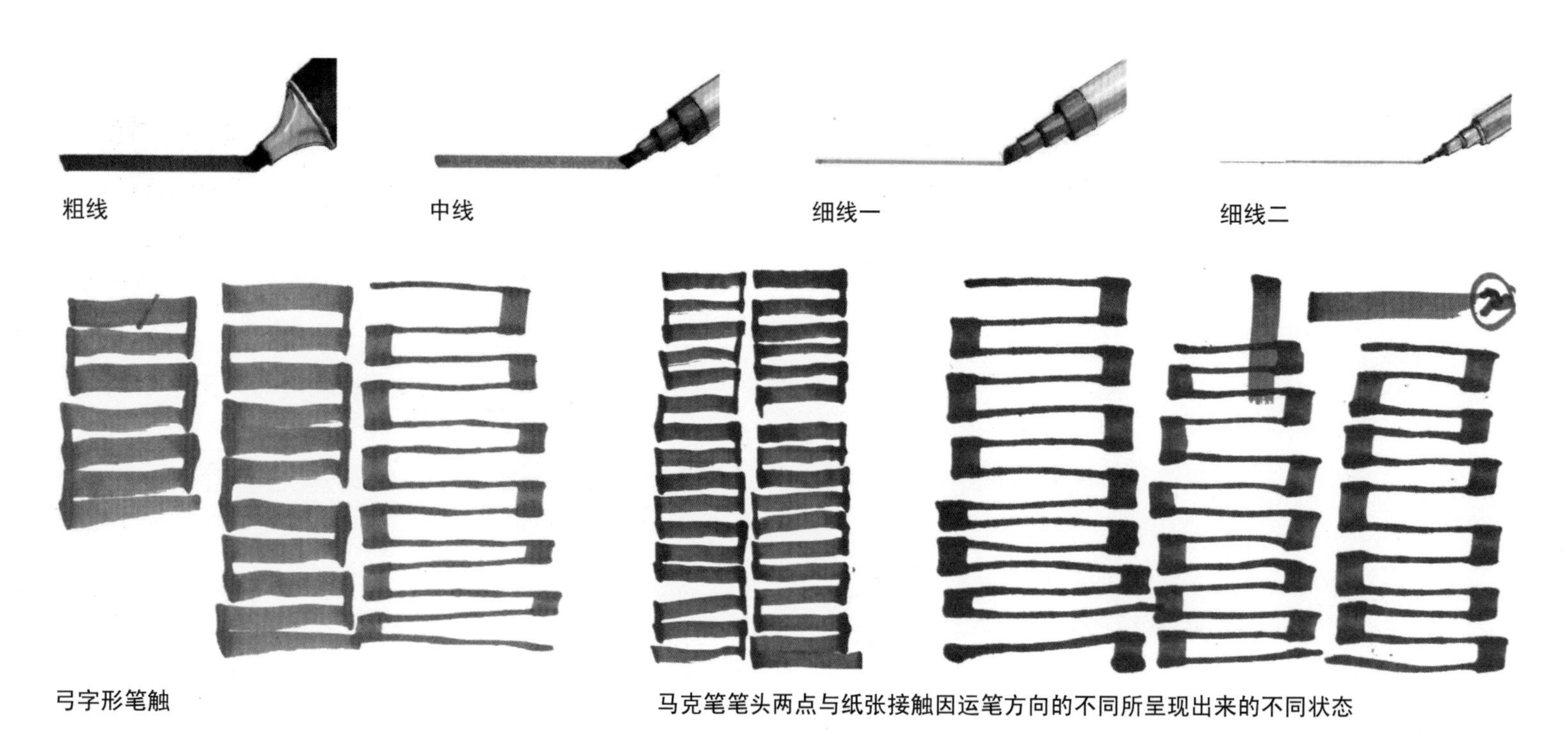

粗线　中线　细线一　细线二

弓字形笔触

马克笔笔头两点与纸张接触因运笔方向的不同所呈现出来的不同状态

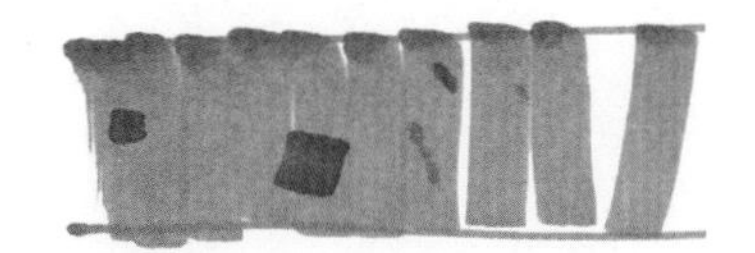

摆笔触

通过笔头两点与纸张接触，同时，笔在纸面停留时间不宜过长，下笔时要快速、果断、干脆，起笔、运笔、收笔的力度要均匀。

倒八字笔触

其是为了模拟光影的渐变效果，使之能够快速地对画面进行明暗变化的刻画，常常用在物体暗面刻画中，强调反光。

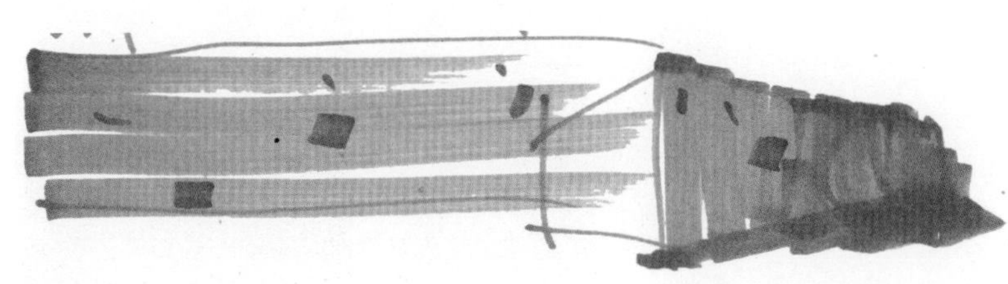

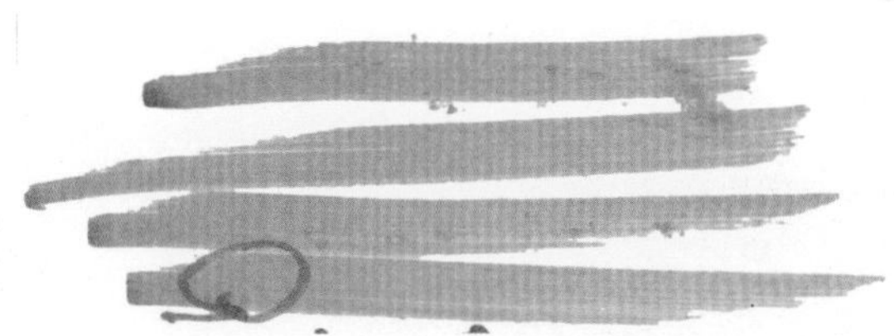

刷笔触

通过笔头两点与纸张接触，同时，笔在纸面停留时间及着力点一直在变化，起笔时要有力、快速，运笔、收笔时力量一直在递减，整个过程在较短时间内一气呵成。

方块笔触

其作为点缀性笔触，作用是打破画面的平衡，达到丰富画面的目的，常常会用在物体的暗面。

圆圈笔触

其常常沿着圆心画弧线，通常用在快速刻画前景树的表现技法中。

干画法

在第一遍着色完全干透后，再上第二遍颜色。此种画法给人干净利索、硬朗明确、层次分明的感觉，多用于表现轮廓清晰、结构硬朗的物体。

湿画法

在第一遍颜料未干透时，迅速上第二遍颜色。这种画法给人圆润饱满、含蓄清澈的感觉，多用于轮廓含混、圆滑的物体或者物体的过渡面。

干湿结合法

前两种方法并用，此种方法画面生动活泼、丰富多彩，画法的使用范围也更加灵活。

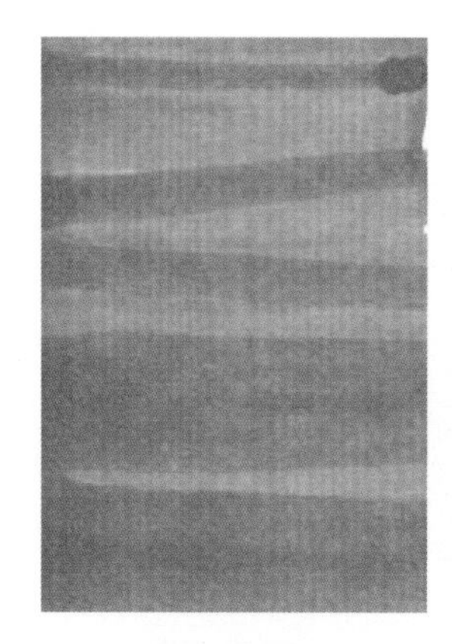

单色重叠

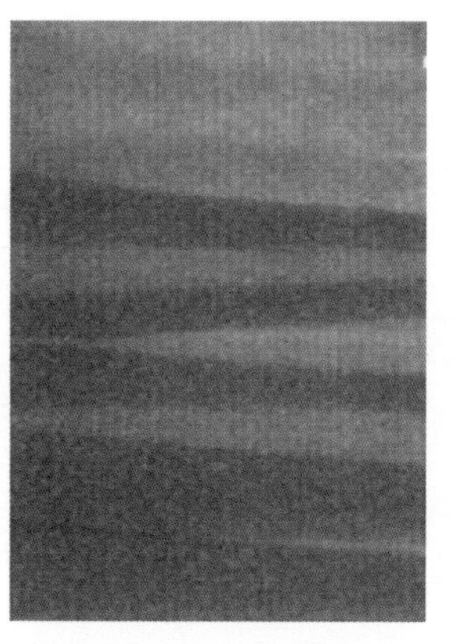

同色系渐变（湿画法）

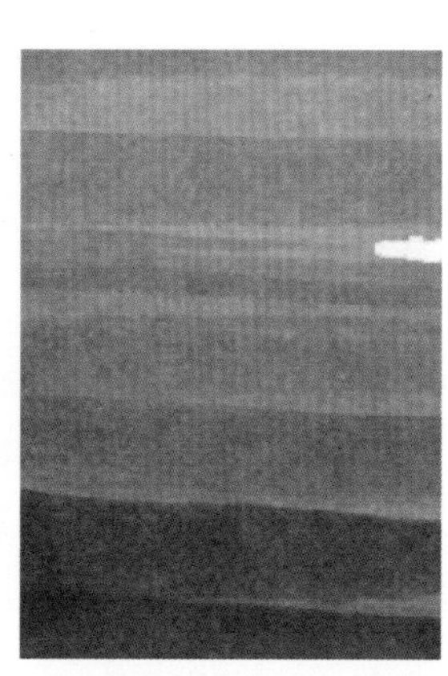

同色系渐变（干画法）

多色重叠（湿画法）

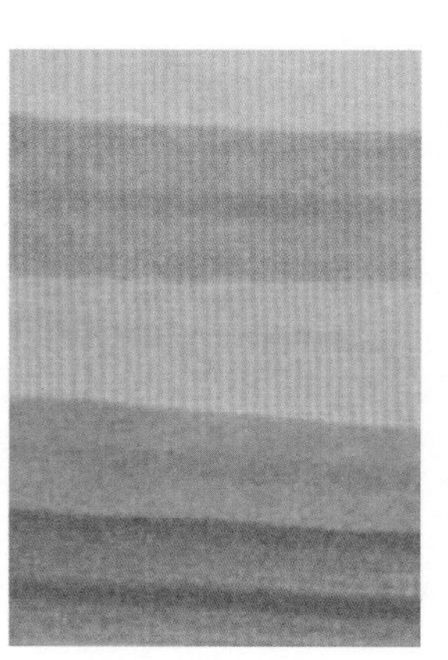

多色重叠（干画法）

色彩渐变

景观马克笔笔法的单个练习，只是我们绘制图形的理想状态。在实际进行表现图刻画的过程中，其图形的绘制会相对较复杂，所运用的笔触也是相互叠加的掺杂其中，因此，多种笔法的混合使用，也是我们需要练习的对象。我们可以用体块作为基本的载体，展开练习，在能力进一步提高后，再进行下一步的训练。

拉长线笔触

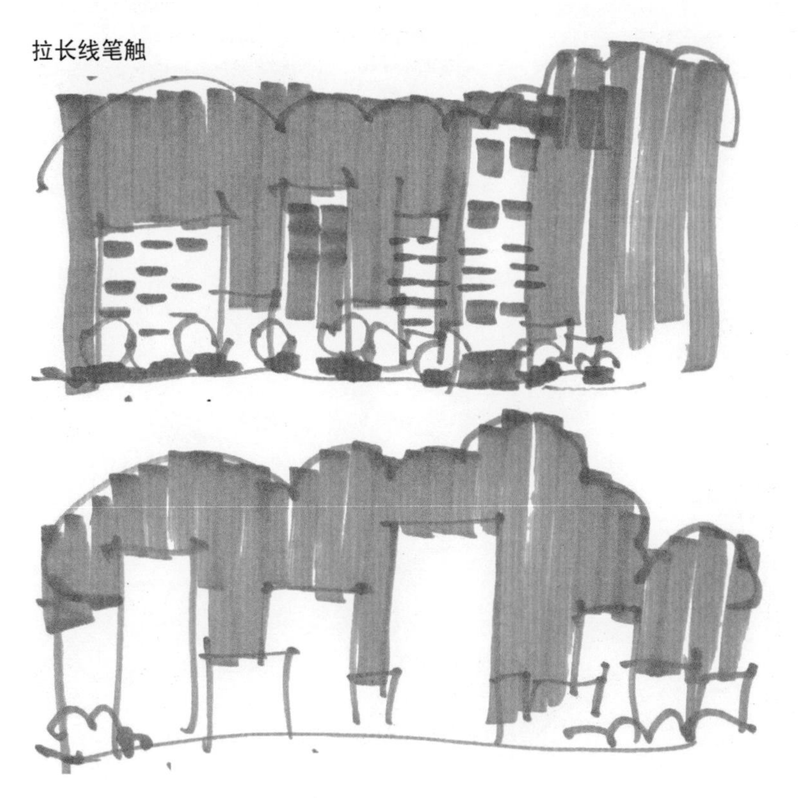

对于建筑立面或背景比较复杂的物体，在进行刻画时，可以用马克笔反衬的手法来进行体现。如拉长线笔触，通过其对背景立面的统一处理来达到画面的相对平衡感，其在快速表现的过程中常常会被用到。

马克笔的快速着色，其本质是为了设计服务。在景观设计这个专业领域，着色的目的是为了进一步增强空间感，从而通过体现空间进深和物体构成来表达设计意图，最终打动观者，进行方案的实施。马克笔的应用在这一过程中，基本可分为两个阶段。第一阶段为草图快速绘制阶段，通过快速的表现设计构思来进行方案的推敲，其着色是快速简洁的。第二阶段为方案效果图阶段，其着色是为了让设计出来的方案，在场景刻画、空间表达及氛围营造上面更加细致、清晰，从而突出设计重点，表达设计意图。

2.3 马克笔实用练习技巧

掌握马克笔基本笔触后，我们可以进行马克笔的单色造型刻画，这是对前面所练习的笔触进行综合的运用。因为我们是对一个空间场景来进行刻画，而在这个场景中可能包含不同形状的单体，因此，在具体表现过程中，我们需要依据单体的形状，针对性地用不同笔触来准确地刻画形体。通过单体的刻画和笔触的有序组织，练习者会积累一定的马克笔绘制经验和心得，这是景观马克笔后期绘制提高的重要基础。

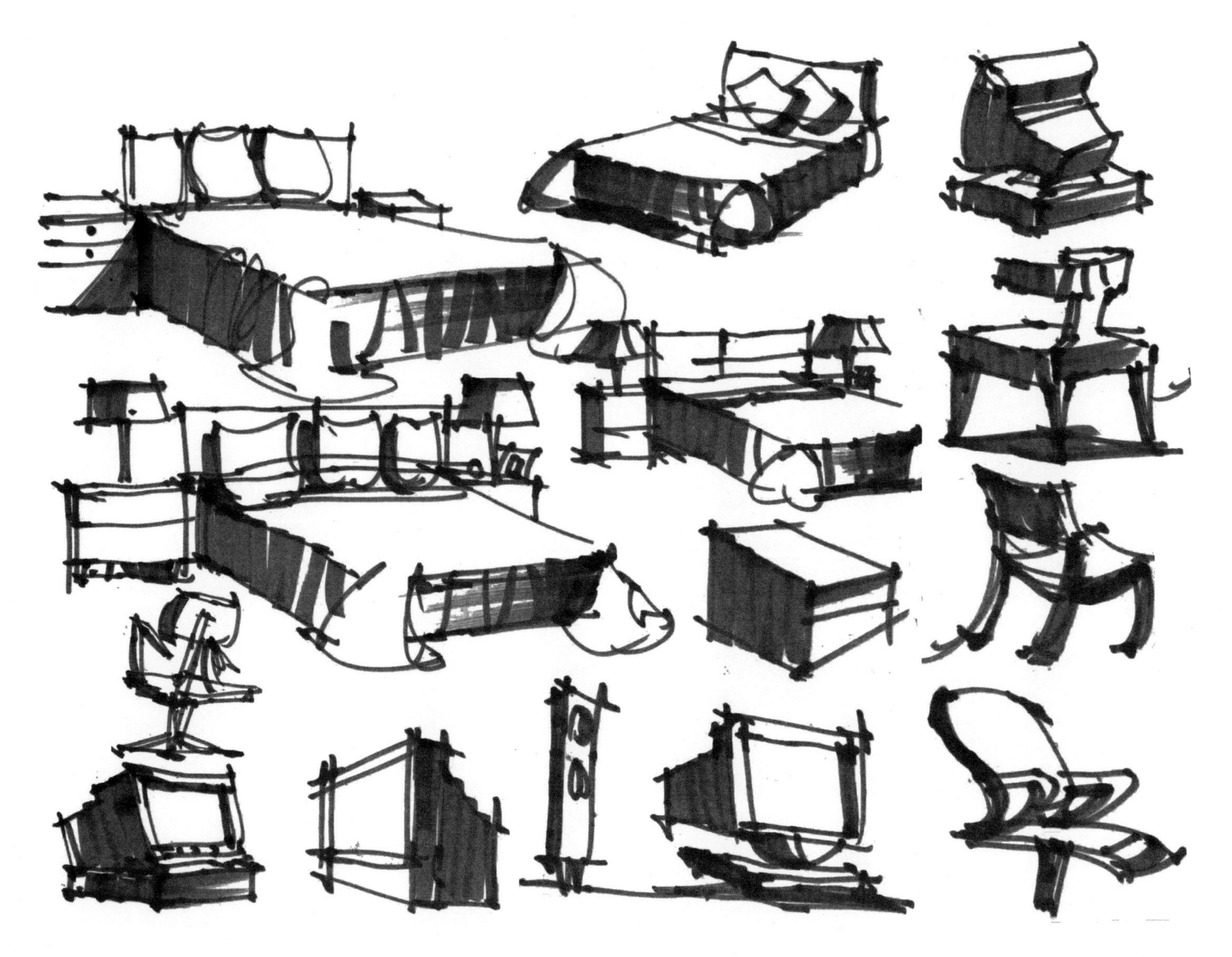

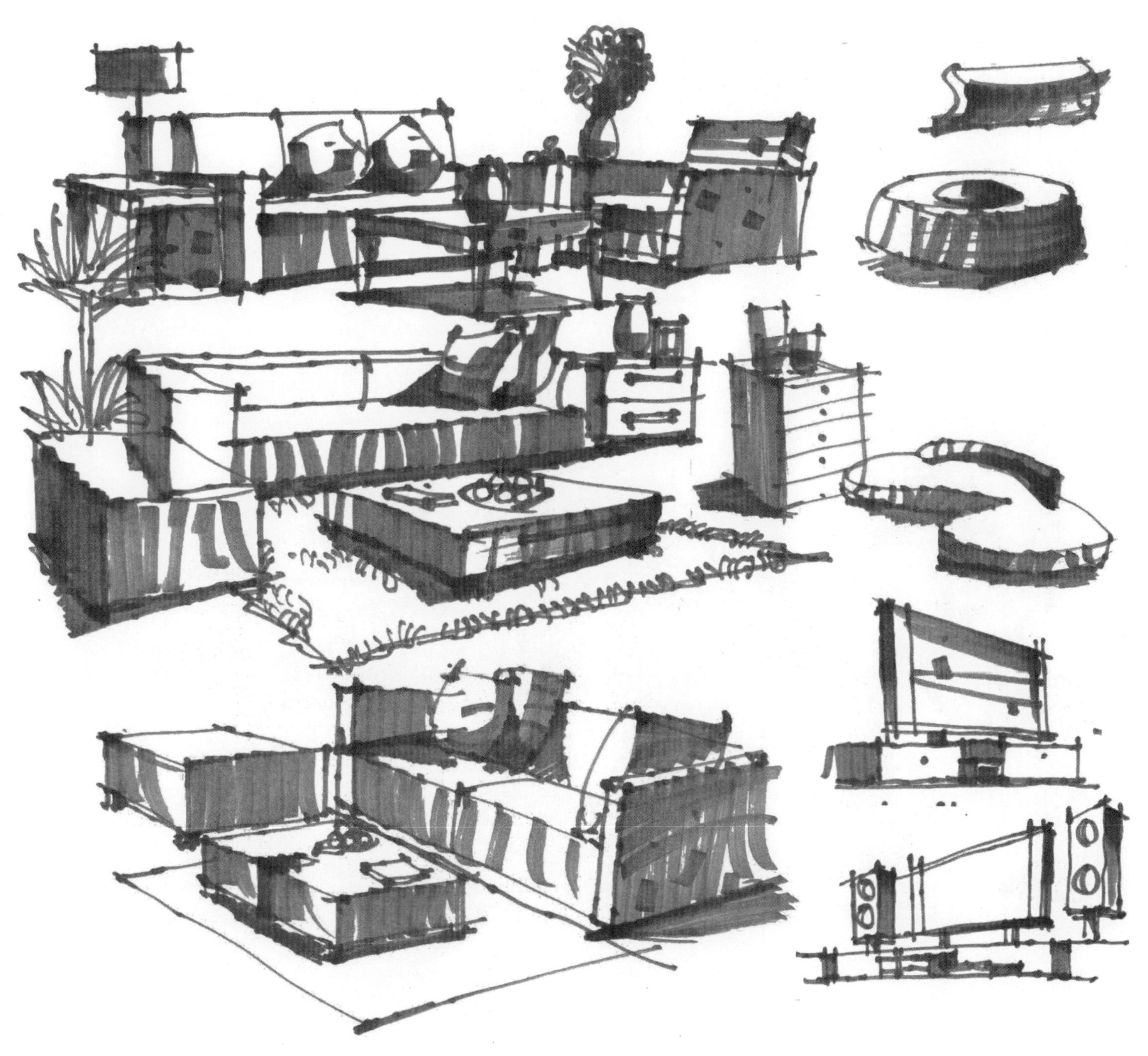

待马克笔技法取得一定成果后，可以主观地对画面进行处理，这样画面会更加具有风格特征和趣味性，也能够打动观者。

后期，马克笔单色着色完成后，可再提高难度，进行马克笔的复色着色刻画，即不再是单色练习。可以根据自己的需要来选择冷暖不同的马克笔对物体进行刻画，此时的画面会更加丰富。一般情况而言，暖色多出现于受光面部分，冷色多出现于背光部分，在整体大色调统一后，局部会有冷暖色调的点缀，以达到画面重点突出的同时，画面效果协调统一。

马克笔相对于线稿而言，除了能够绘制出图形的功能外，其颜色冷暖的搭配对于画面所要表达的效果起着不可或缺的作用。在练习的过程中，我们需要一步步增加难度，由简单笔触练习到单色场景刻画、复色场景刻画及整体色调搭配刻画。

色调对于每个人而言，都不是固定的。不同的人对于色彩的理解会有不同，即使是同一个人在不同的状况下，其色彩的表达会有不同的效果。需要指出的是，色彩的搭配不是固化式的，经常进行不同色彩搭配的练习，能够在快速表达的过程中取得出人意料的效果。

前期的马克笔笔触练习，会在后期的风格形成中产生深远影响。现在景观效果图的快速表达，整体色调往往和笔触结合在一块进行处理。一些风格比较明显的绘图者，其笔触个性特征十分突出，并且能与色彩搭配相得益彰，针对景观笔触的练习及训练自身风格的形成需要引起足够的重视。

在绘制快速表现图时，可以对其进行灰色调处理，具体来讲是指以中心画面为基本原点，色彩明度由中心向四周降低，需要大面积色彩的地方，可以采用同一色系的灰色调来刻画，其目的是为了同中心画面产生对比，以反差的形式强调场景重点刻画区间。

值得注意的是，色彩本身具有非常明显的冷暖倾向，因此，即使是灰色系，其也可在灰色系中，挑选出灰色的红、黄、蓝、绿、紫等能够反映物体受光或背光特征的颜色，从而丰富画面。同时，在一些点缀性的地方，尤其是画面中心区域，可以选择一些明度较高、色彩较鲜艳的颜色来进行刻画。

通过颜色的有序搭配，达到画面整体以灰色调为主，而重点刻画区域会产生灰中透亮的效果，在画面整体统一的同时，中心突出。

2.4 马克笔基本练习范例

如同景观线稿单体练习一样，我们同样对马克笔单体进行了整理归类。其基本可以分为前景树、中景树、主景树、背景树及其他构筑物和小品设施等配景。通过对其单独归纳分类，能进行详细而全面的练习。每个被刻画的单体，烦琐程度有别，主要原因在于它们所处在画面中的位置和功能不同，因此为它们所花费的时间不一。一般情况是，处在前景和背景空间的物体，其色彩刻画相对简单，只需用大块笔触刻画其材质属性和颜色倾向；处在中景的物体，其刻画时笔触相对较复杂，会产生叠加的效果，同时在整体绿色的空间环境中会相对点缀一些暖色调；而主景的物体通常是以暖色调出现，或者明暗对比非常鲜明，这些需要我们在练习过程中逐步领会。

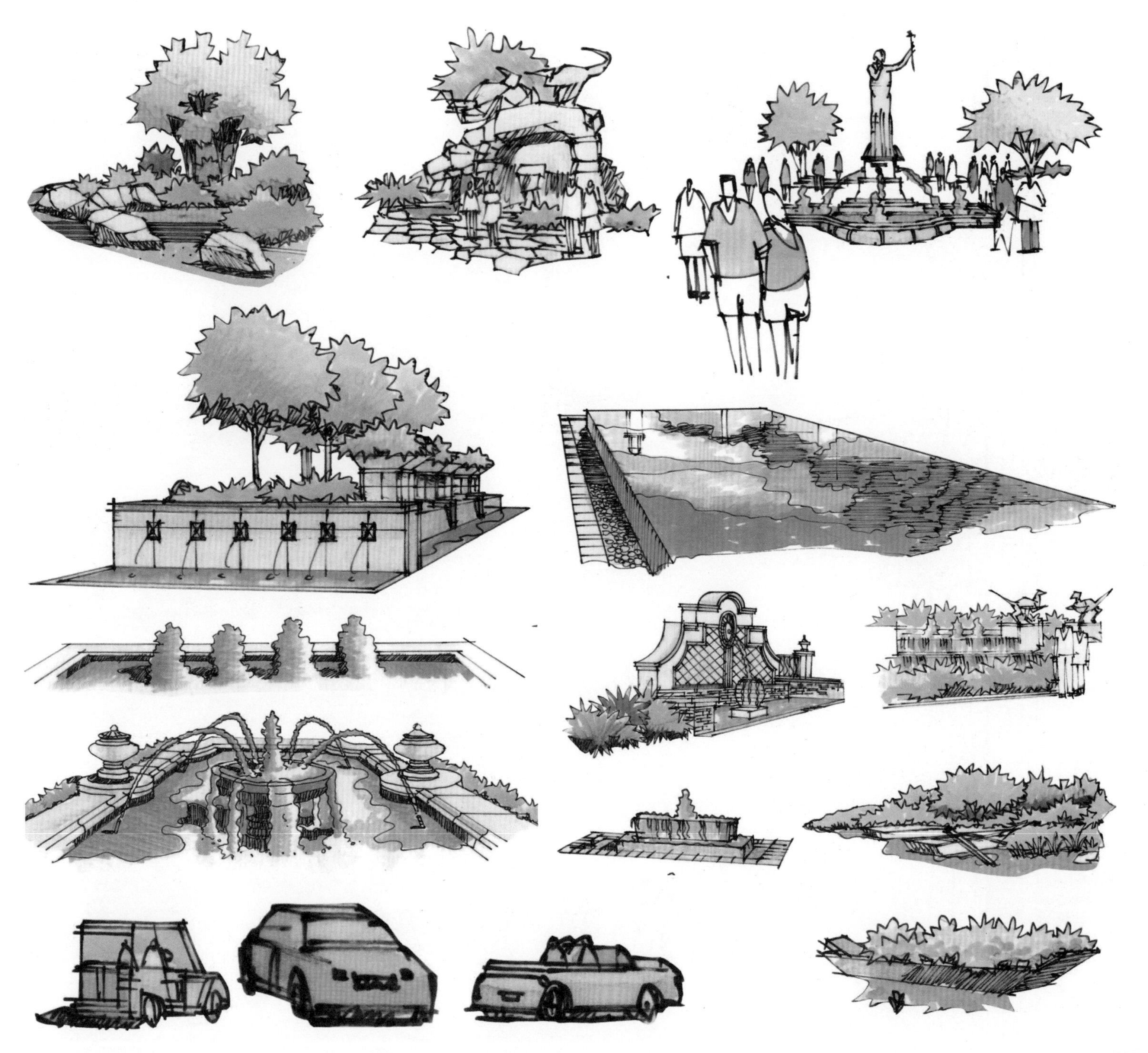

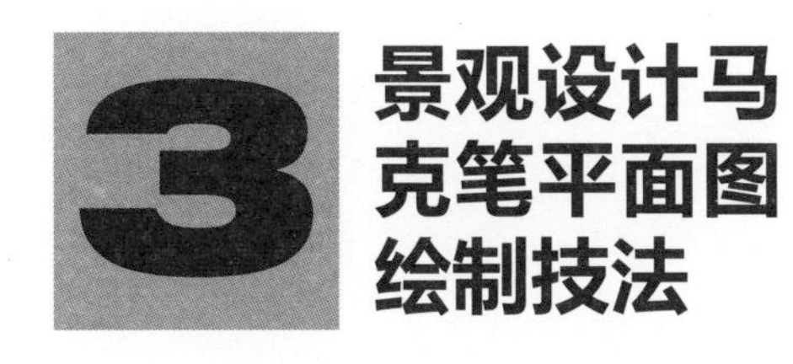

3 景观设计马克笔平面图绘制技法

总平面图是景观设计图当中最重要的部分，包括空间布局、场地结构、景观节点、道路流线及功能形式等设计要素，其都可以在平面图绘制过程中有所反映。通过研究平面图，可以从中理解设计师的想法思路以及功能空间组合和场所形式之间的协调关系，好的总平面图，能够清晰明了地传达设计意图，并且方便甲方进行阅读，从而更快推动项目的进行。

3.1 别墅庭院景观设计平面图绘制步骤

别墅室外部分作为住宅私人庭院，业主可以依据自己的喜好在其中布置各式园林植物或小品，设计相对比较灵活，因此其方案呈多样变化。归纳起来其基本有以下几个特点：作为私人用地，庭院与庭院之间需要营造明显的界限分割；因用地和规划限制，周边绿地形状往往呈不规则，需重新设计组织；在庭院中水一直是活泼环境的主要要素；孤植树在宅旁屋后易形成优雅的立面轮廓和生活环境；庭院需根据具体的使用要求设置不同的功能区。在具体的绘制过程中，为了清晰地表达出设计意图，因此在马克笔上色前需提前考虑清楚整体的色调及层次关系。通常会以亮、灰、暗将平面图至少分为三个层次，如要刻画详细，可以在中间继续增加层次。如第一层是草坪，其一般会最先被刻画出来，并且颜色最亮，其次是灌木，在刻画时颜色会相对比草坪深一点，后面则是乔木。乔木的刻画会决定整个画面带给人们的感受，如整体偏冷色调，可以点缀一些暖色调，如整体偏暖色调，可以点缀一些冷色调，在统一画面的同时丰富画面色彩，最后刻画构筑物和小品。如没有其他情况，道路、广场等铺装常常以暖色调的形式出现。

别墅庭院景观设计平面图绘制 1

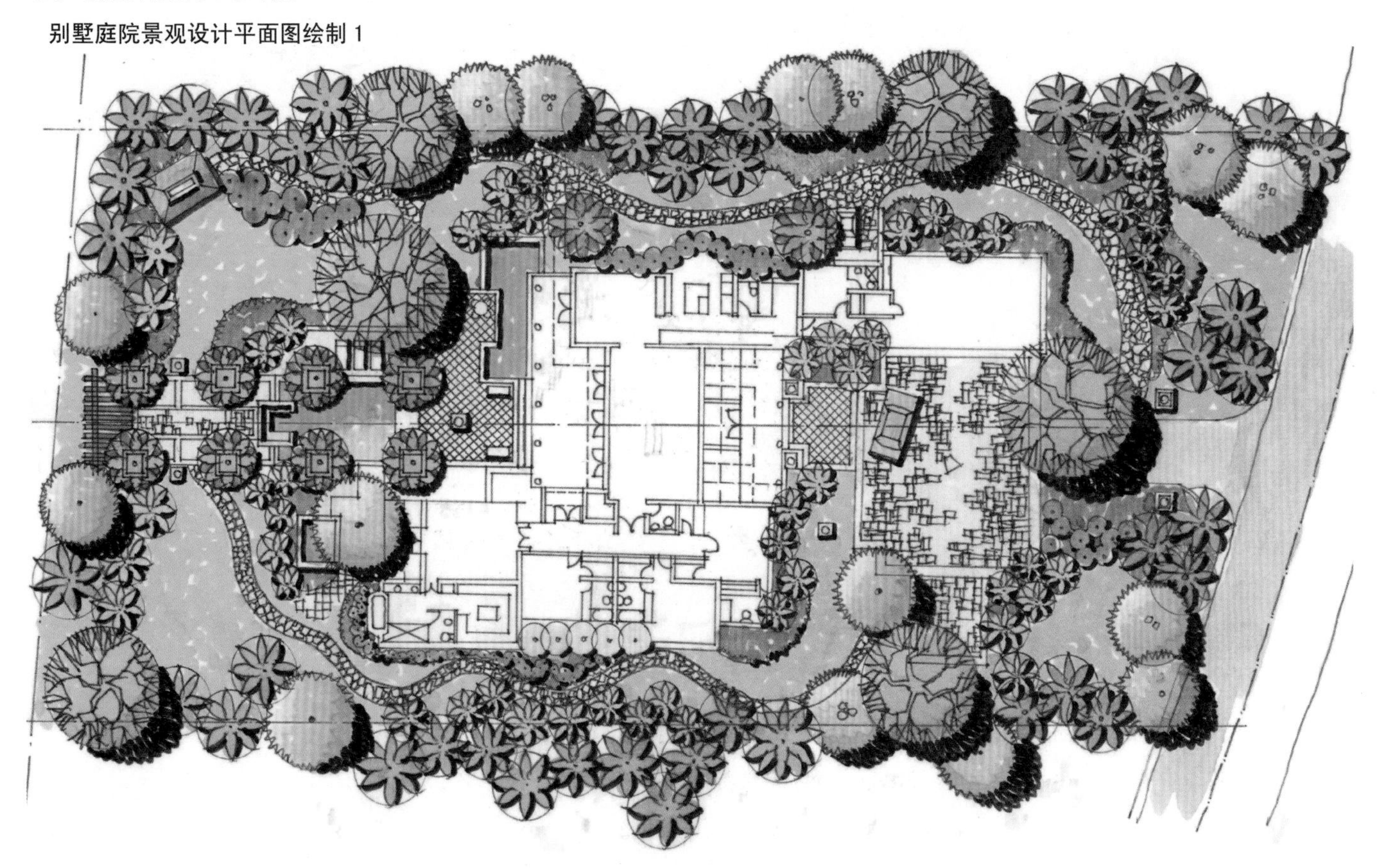

线稿部分，注重物体相互关系刻画及投影处理。

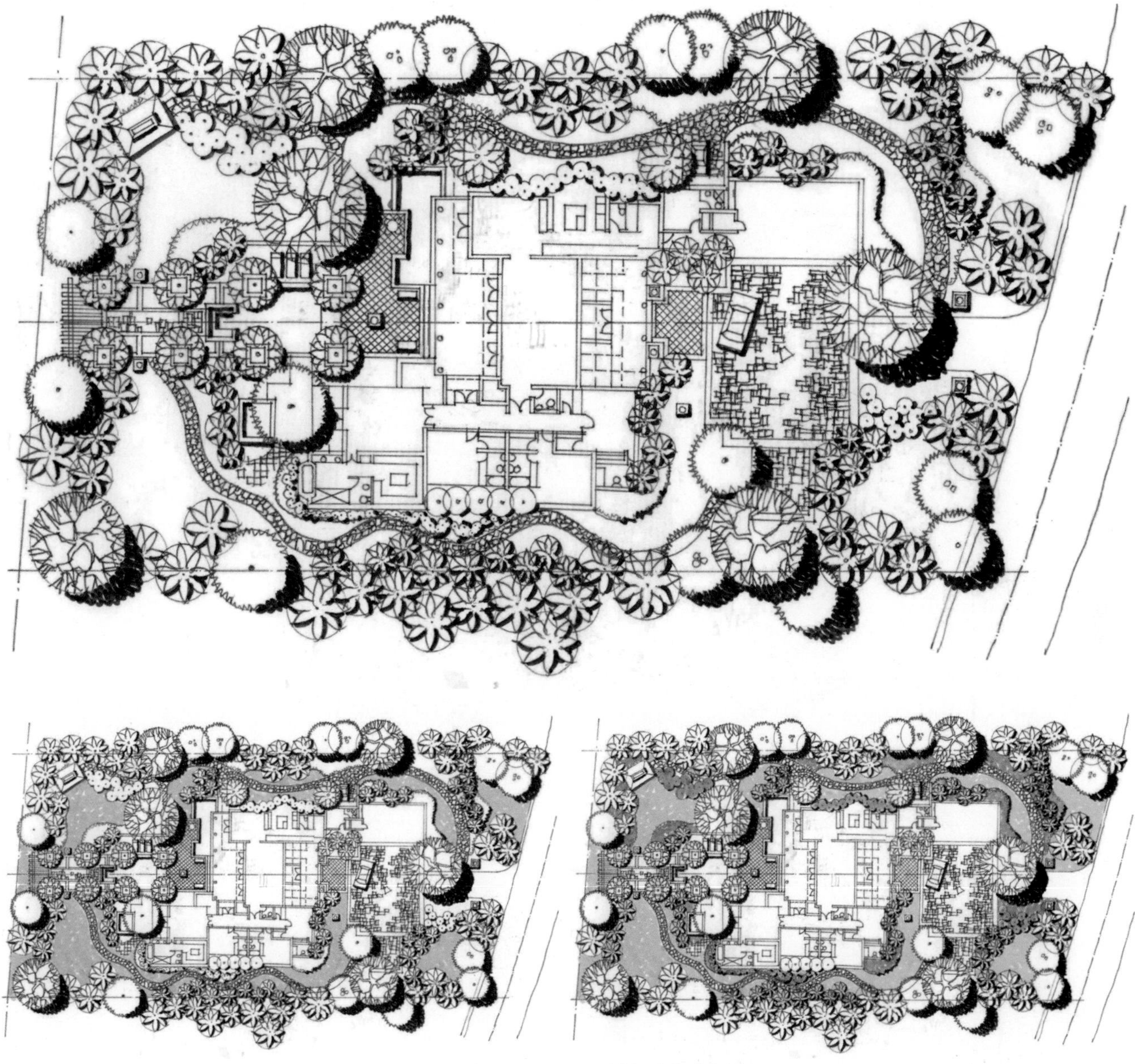

先刻画草坪颜色。

再刻画灌木颜色。

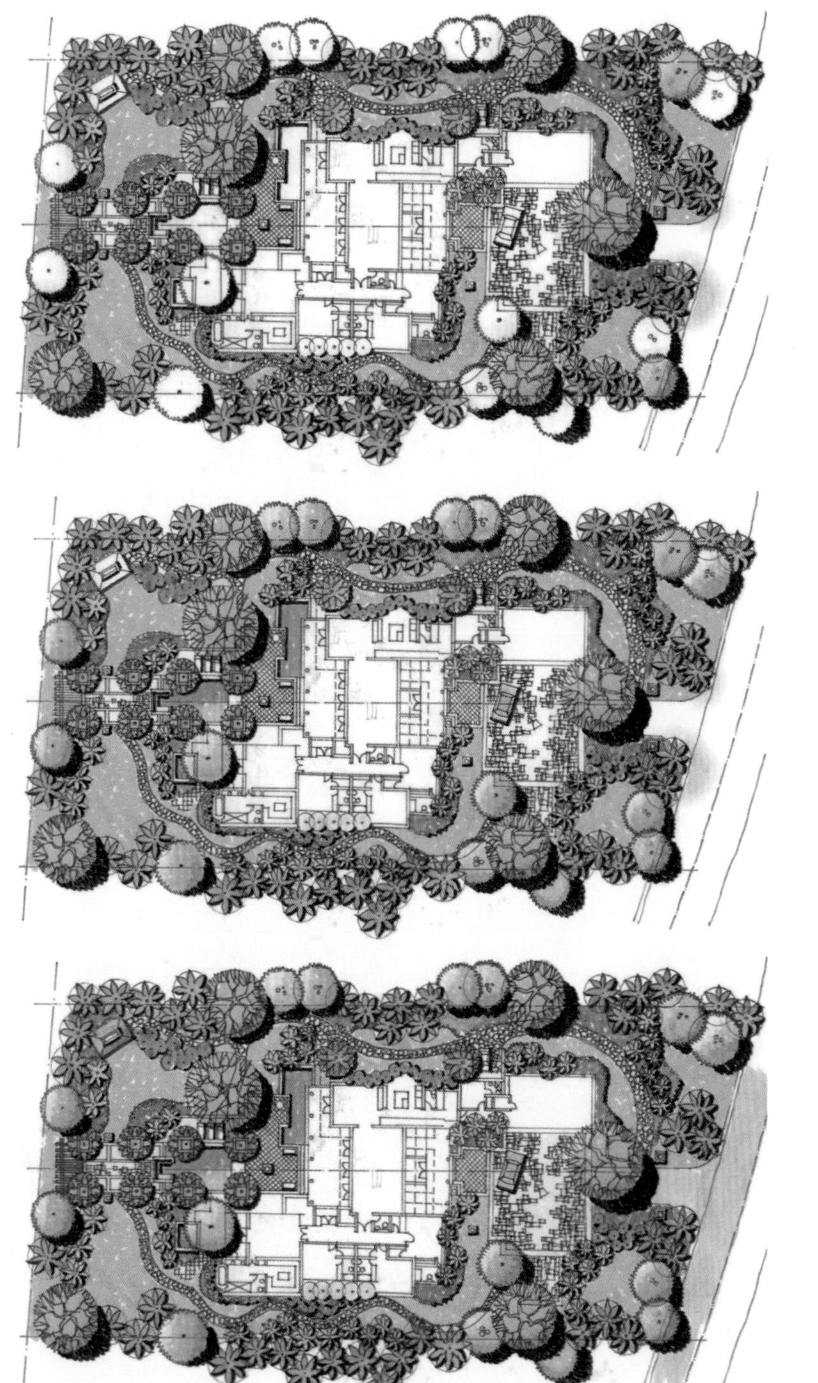

依次上乔木颜色，孤植树颜色。

上构筑物、小品及彩叶树颜色。

最后依据画面的需要，对周边道路及园路进行处理，通常情况下，道路是以留白形式出现。

别墅庭院景观设计平面图绘制 2

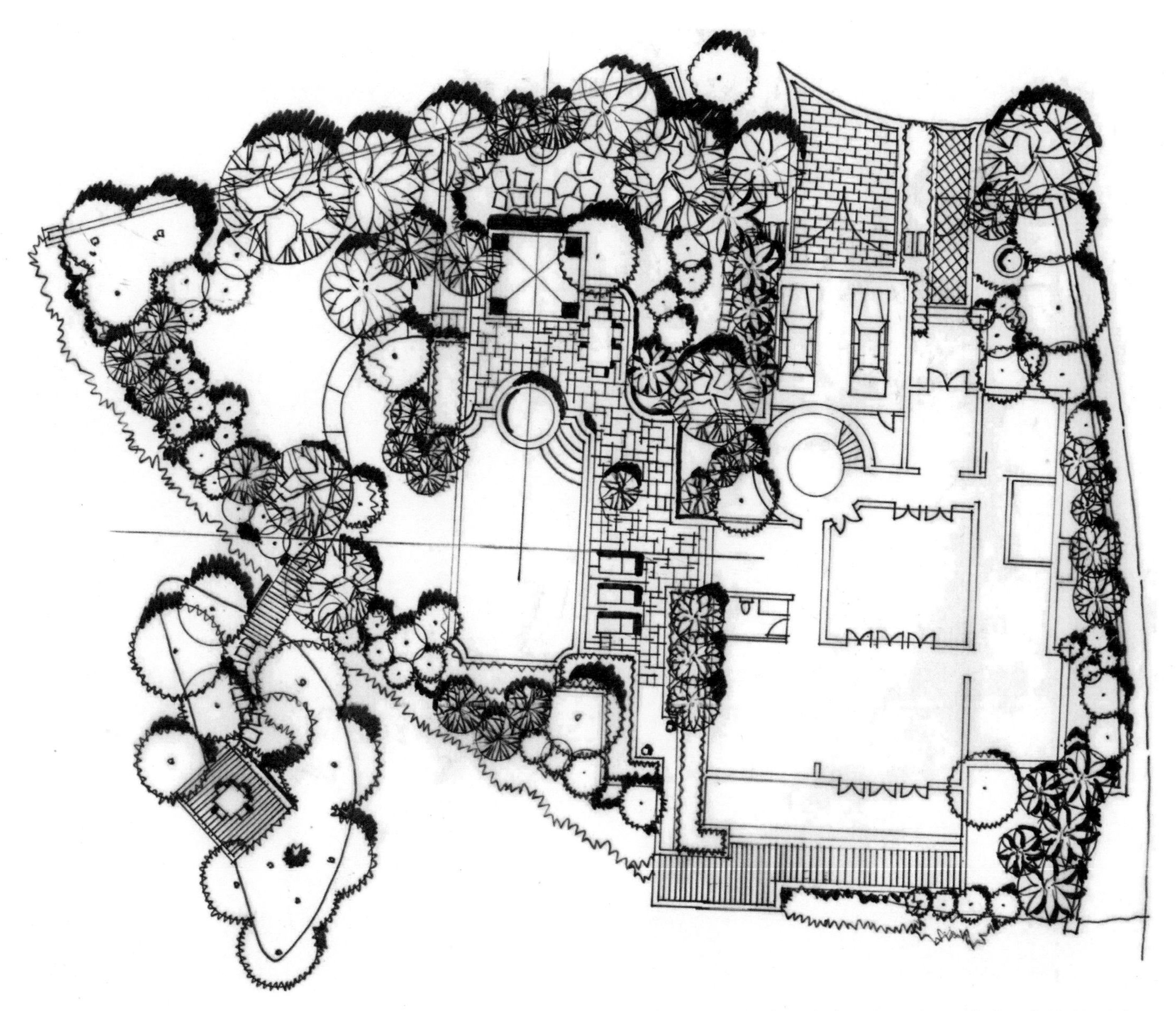

依据设计表达需要进行画面线稿的有序组织，突出所需要表达的重点。

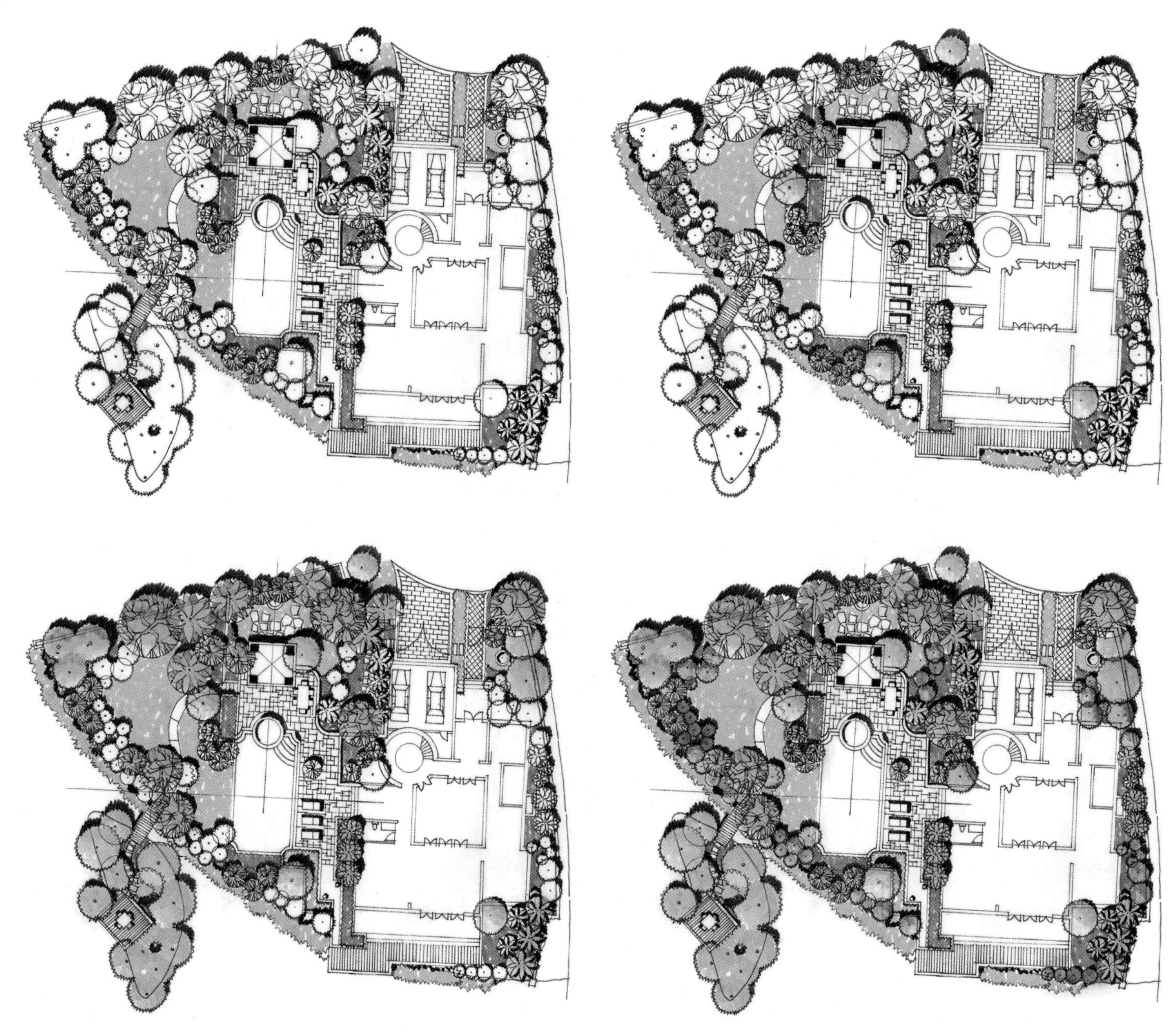

依次展开草坪、灌木、乔木及孤植点景树的刻画，在刻画过程中注意整体色调的编排。

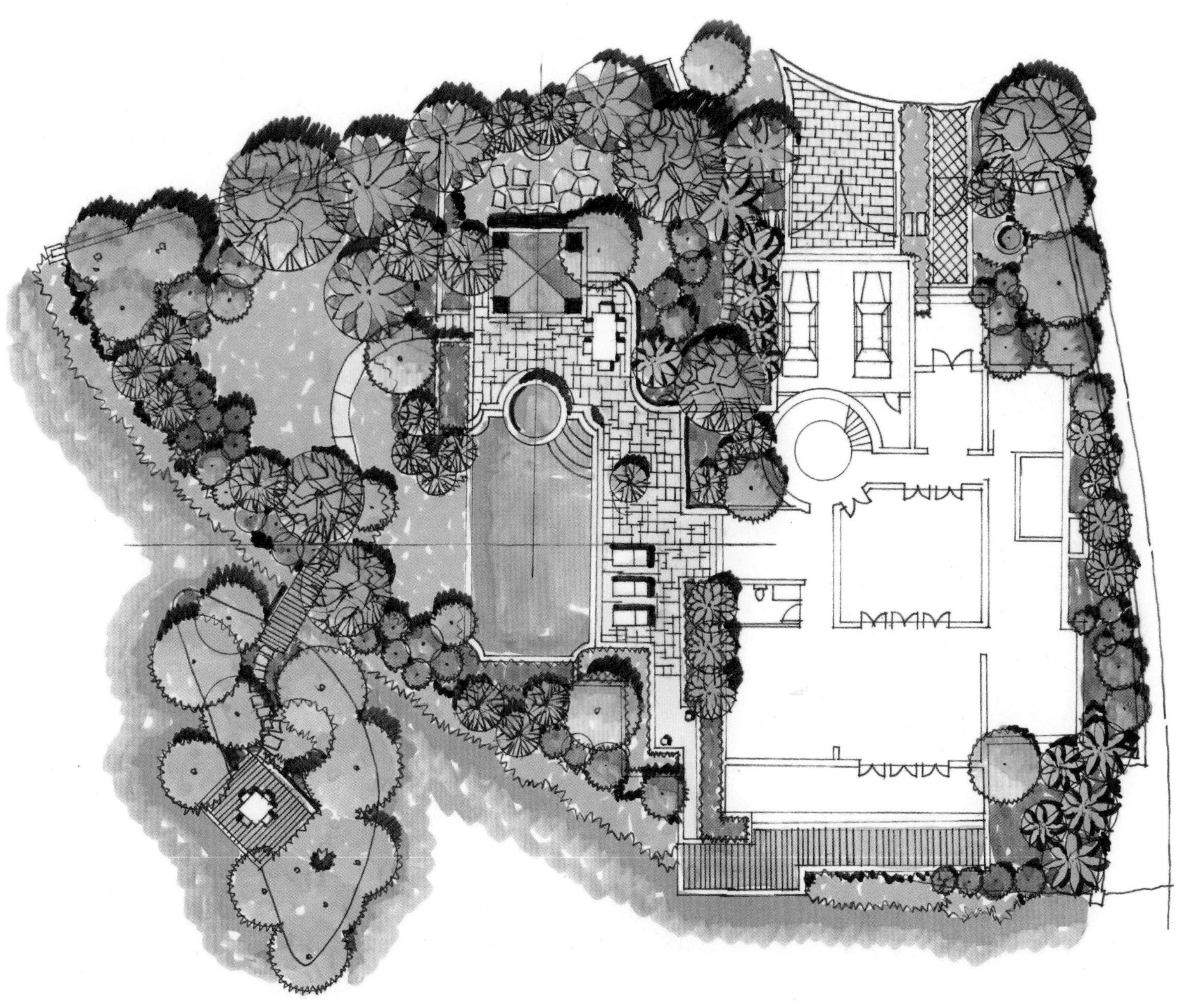

根据画面需要画出水体和硬质铺装部分，如整体植物颜色偏冷，则铺装偏暖；反之，亦然。

别墅庭院景观设计平面图绘制 3

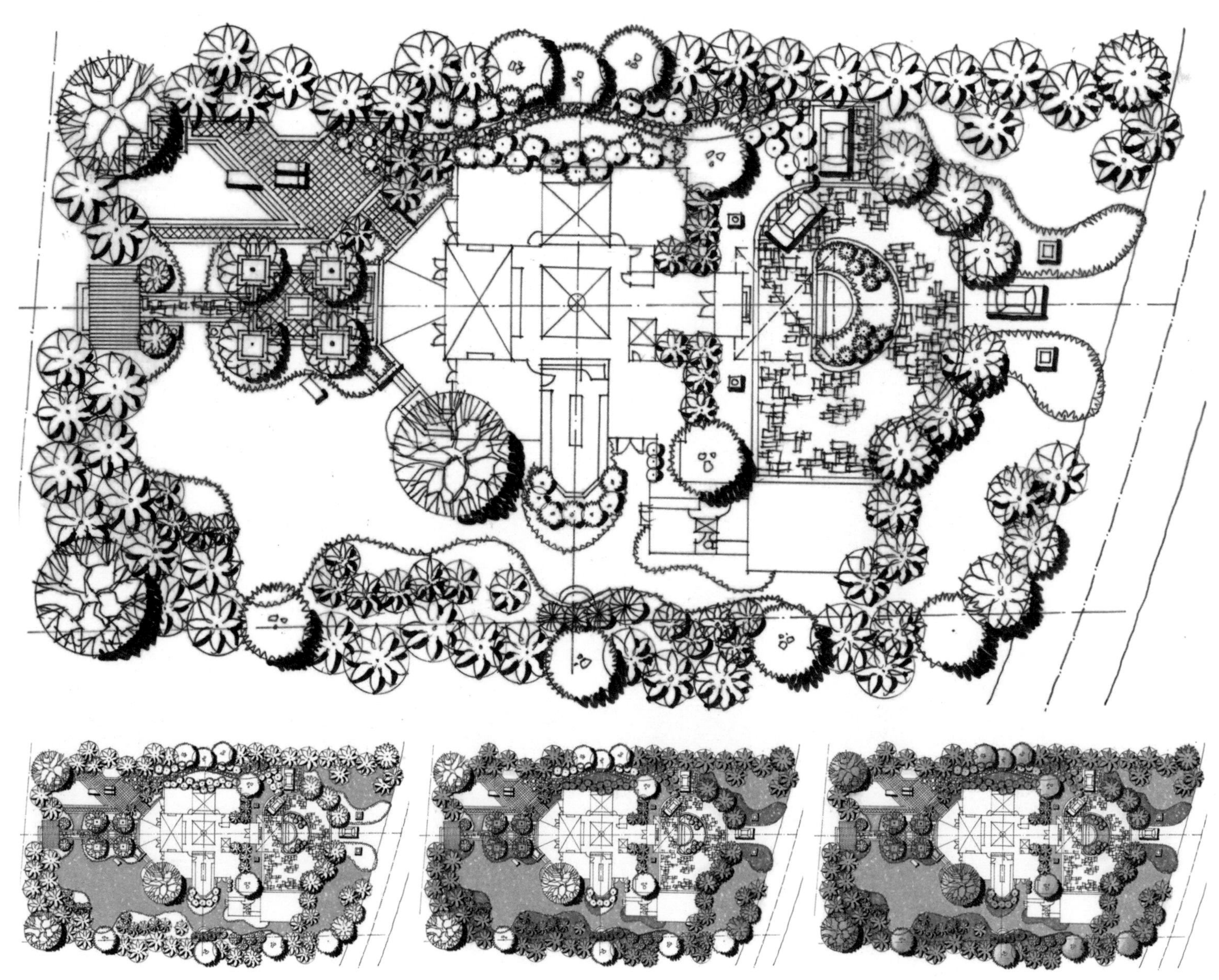

每次设计，因周边环境的不同、设计理念的不同或建筑风格的不同，景观需要进行相应的变化。

物体着色的重点是要将每个个体通过色彩来表达清晰，使人们能够一目了然地了解设计师的思想。

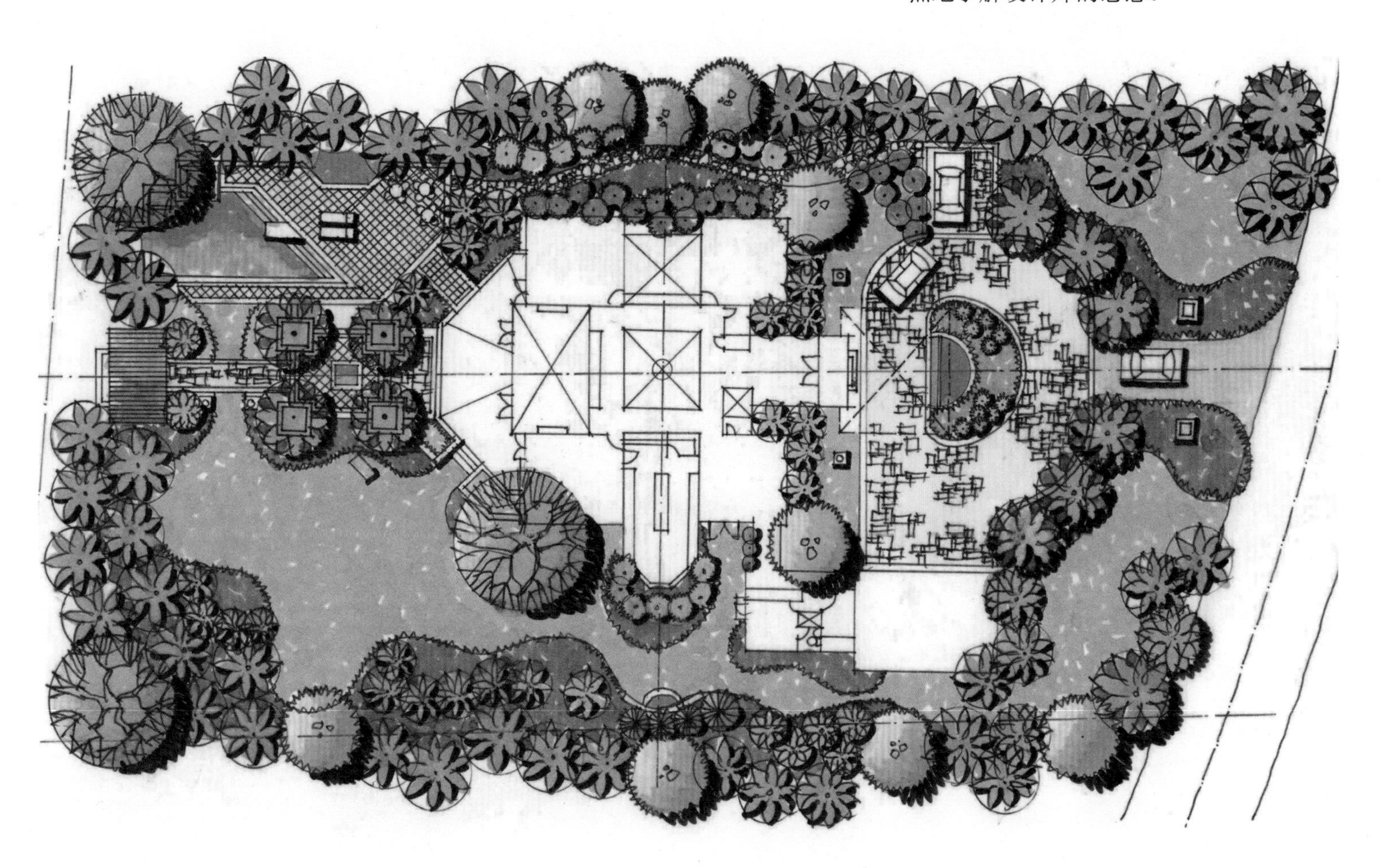

别墅庭院景观设计平面图绘制 4

在绘制平面图的过程中，设计师需头脑清晰，通过物体的一一刻画突出其设计意图。通过细部绘制和重要局部塑造及整体阴影效果的添加，将平面图所展示的方案意图清晰地呈现出来。任何设计都是以解决功能组织问题为前提，一个好的平面布置图可以一目了然地将方案的整体空间关系表现出来。

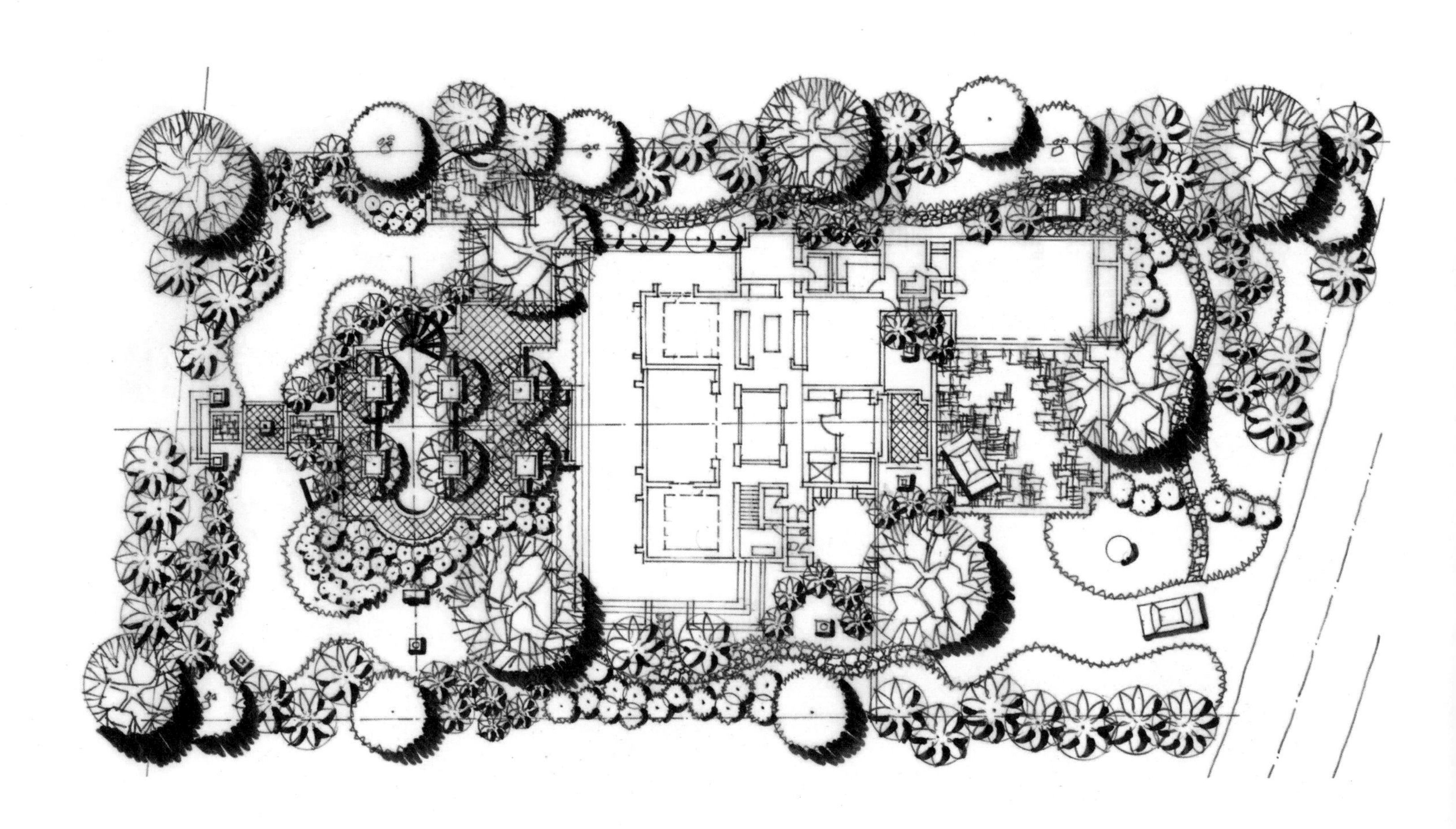

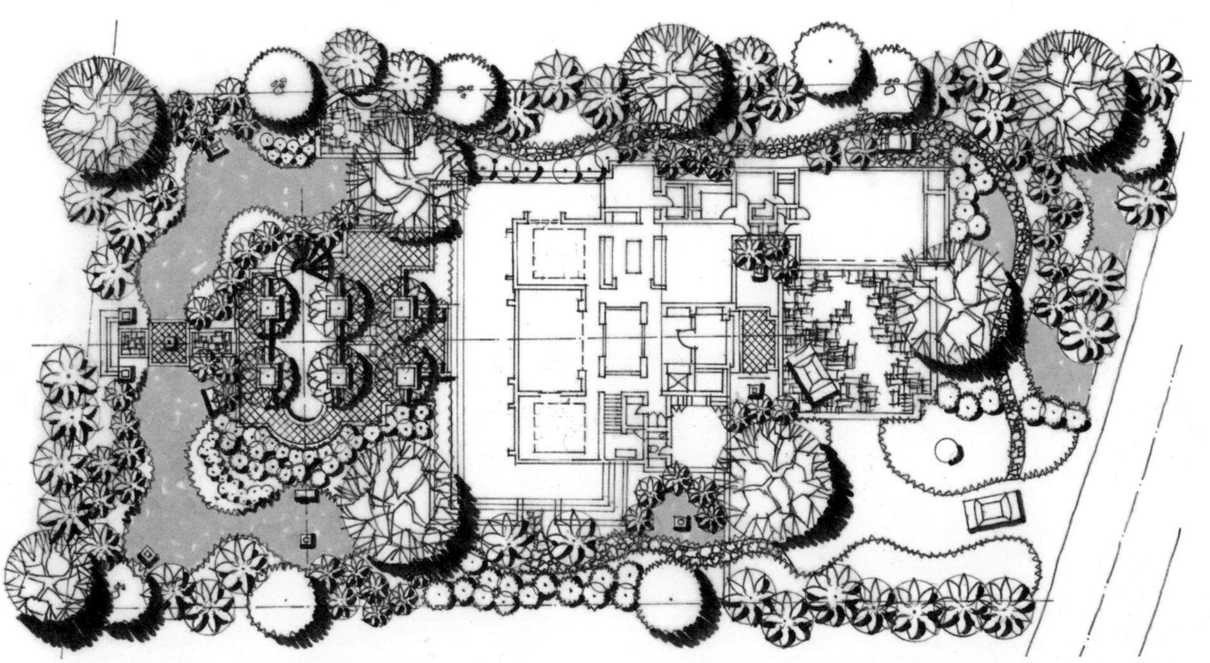

平面图中元素的表现要选用恰当的图例。所选用的图例需要美观简洁，以便于设计师进行具体的绘制。对于整幅画面，其单个物体的形状、线宽、颜色及明暗关系都应该进行合理的安排和有序的组织，从而层次明确，刻画清晰，方案表现意图明显，方便方案的沟通和进一步的提升。

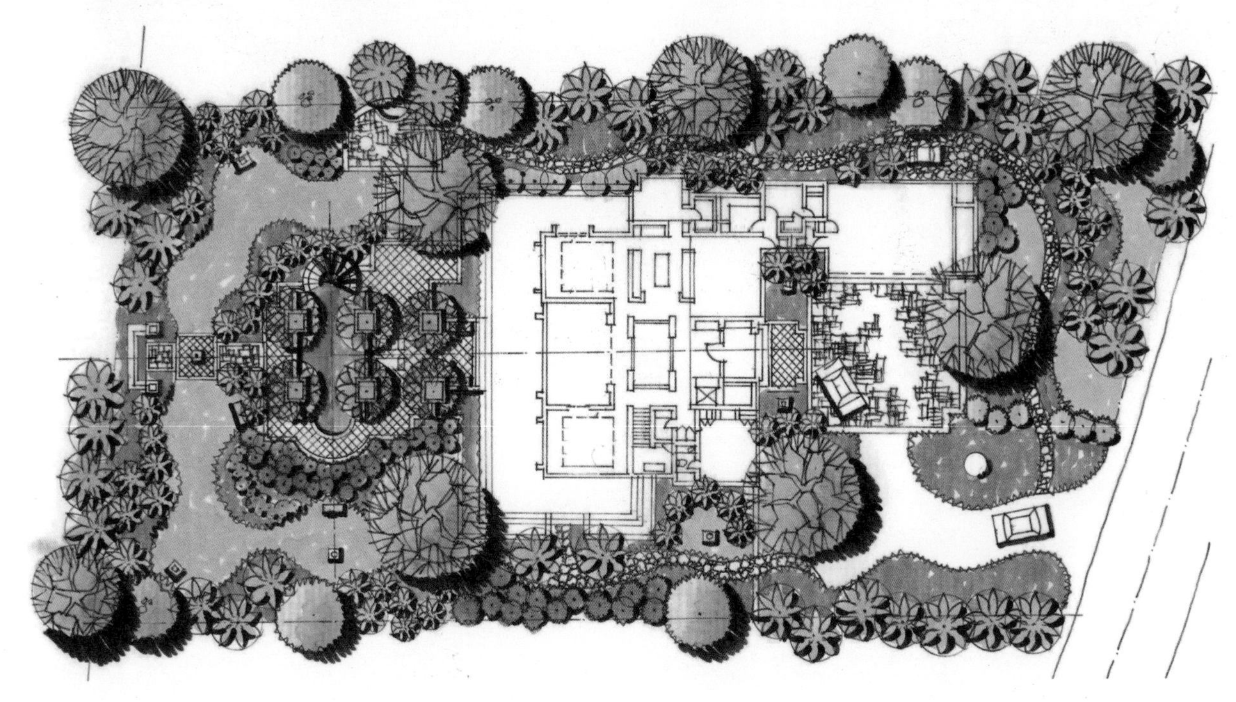

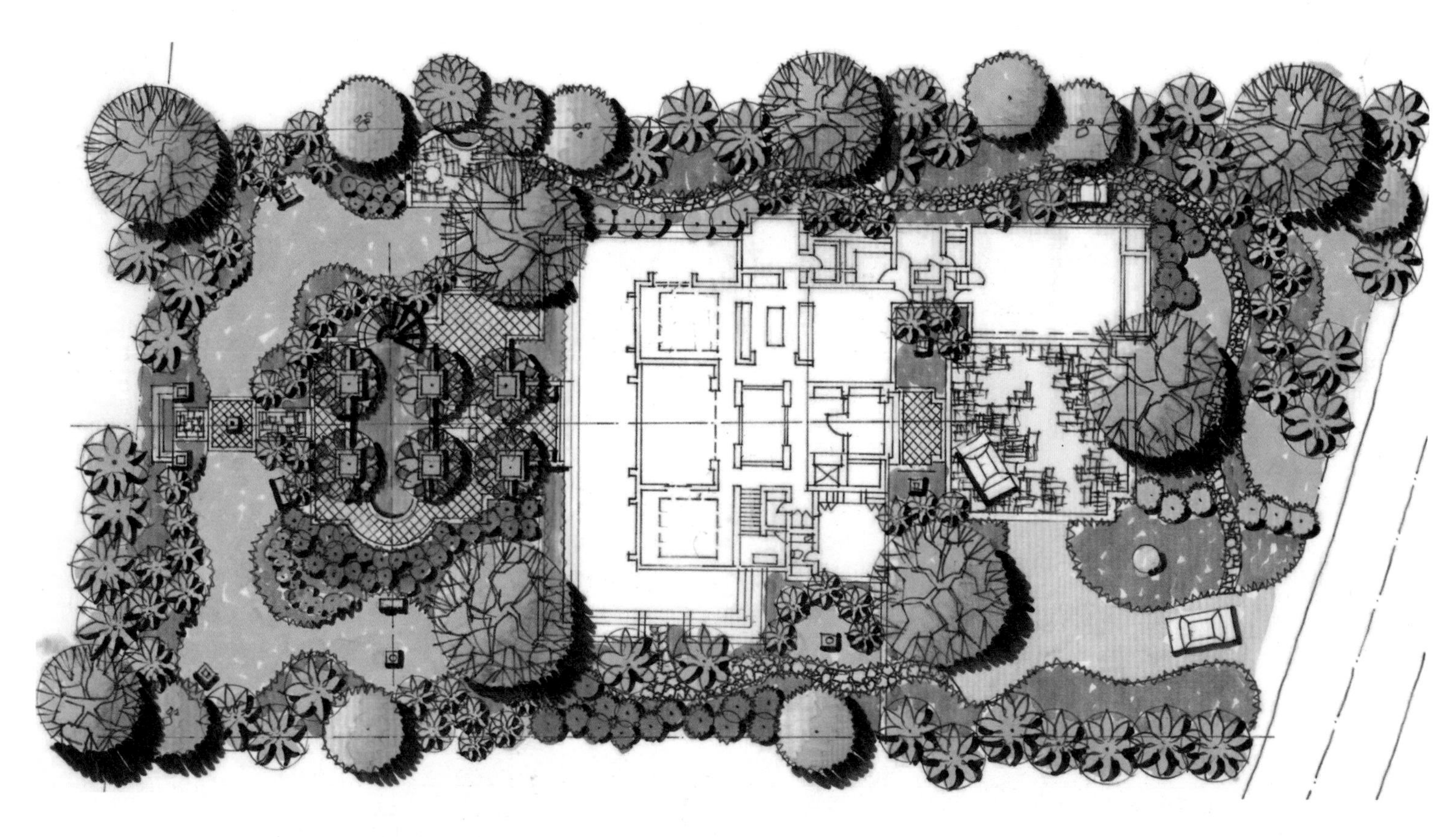

景观平面图中，主要强调的是景观的功能分区和空间组织，建筑是作为相对信息元素存在，对于景观当中的建筑，只需把建筑中与景观设计相关的信息交代清楚即可，如主次入口位置、门窗开口方向及大小、道路与建筑的关系等。

别墅庭院景观设计平面图绘制 5

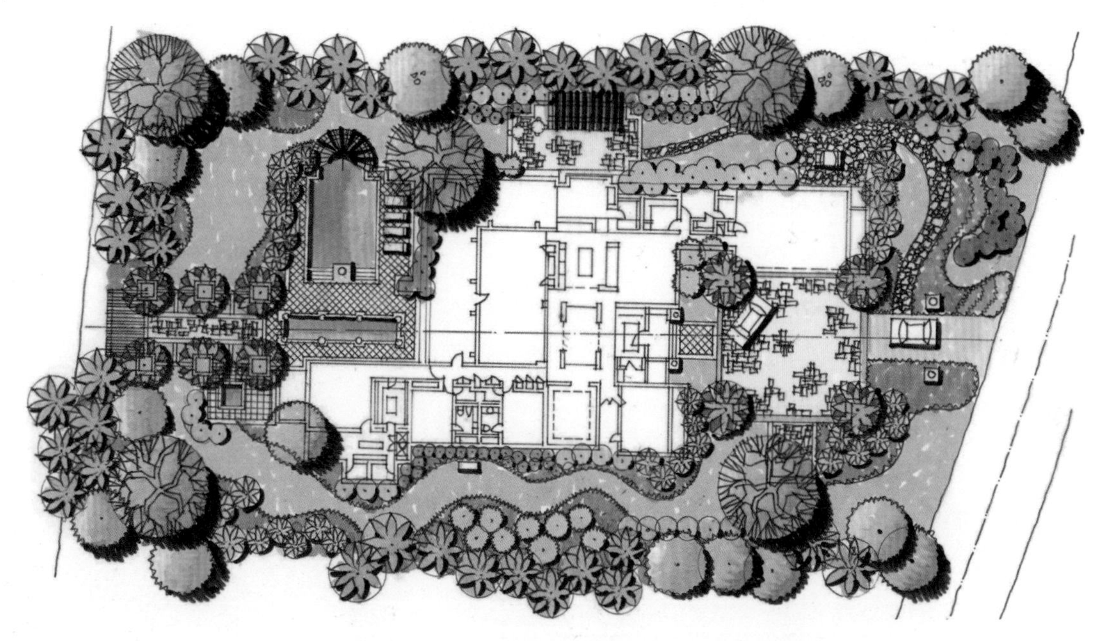

别墅庭院景观设计平面图绘制 6

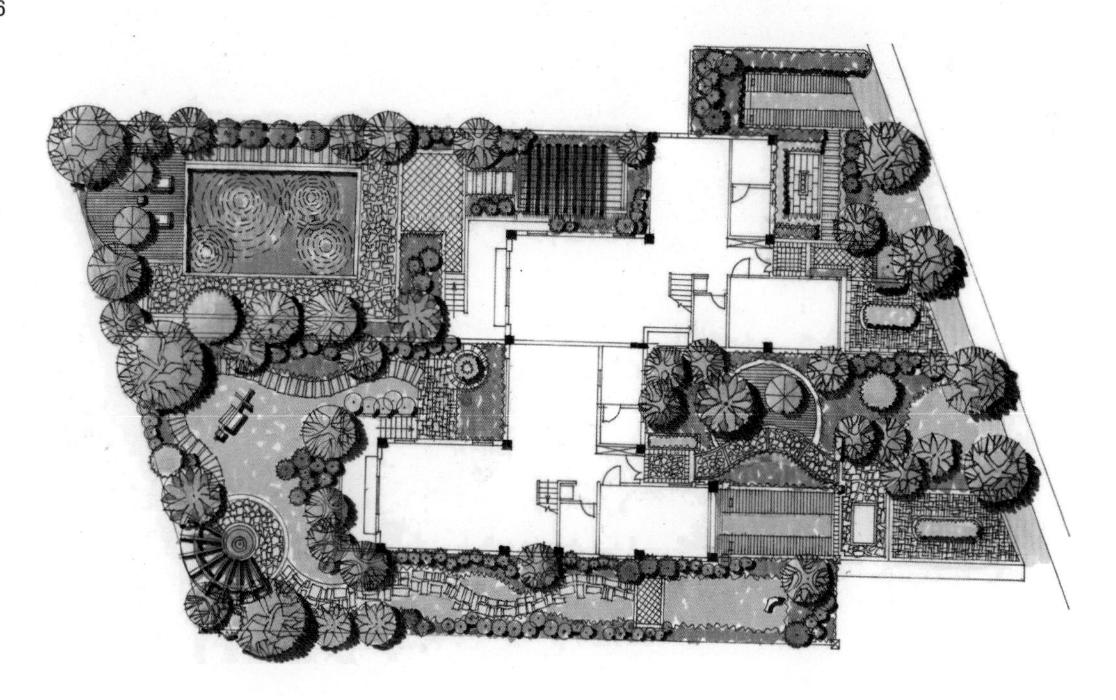

3.2 售楼处景观设计平面图绘制步骤

售楼处景观设计包括引导区、入口区、情景区以及停车区。其中引导区是整个示范展示区与周边道路、广场交界的区域及其适当延伸，其主要作用是提示本示范展示区的位置，引导人流和车流，形成初步的交通导向和视觉焦点。入口区位于销售中心主入口前，是进入卖场的主要形象通道，能够体现售楼处的气势和序列感。情景区作为提高整体品质感和愉悦度的区域，是整个示范展示区环境的核心。同时售楼处应设专门的停车区域，空间相对独立，以给人们留下良好的印象。

通过对售楼处景观设计的要点详细解读，对于后期马克笔上色能够起到有的放矢的作用。整体画面的刻画应着重强调情景体验区，通过颜色的叠加和层次的不断递进，突出平面图所需要表现的重点部位。

售楼处景观设计平面图绘制 1

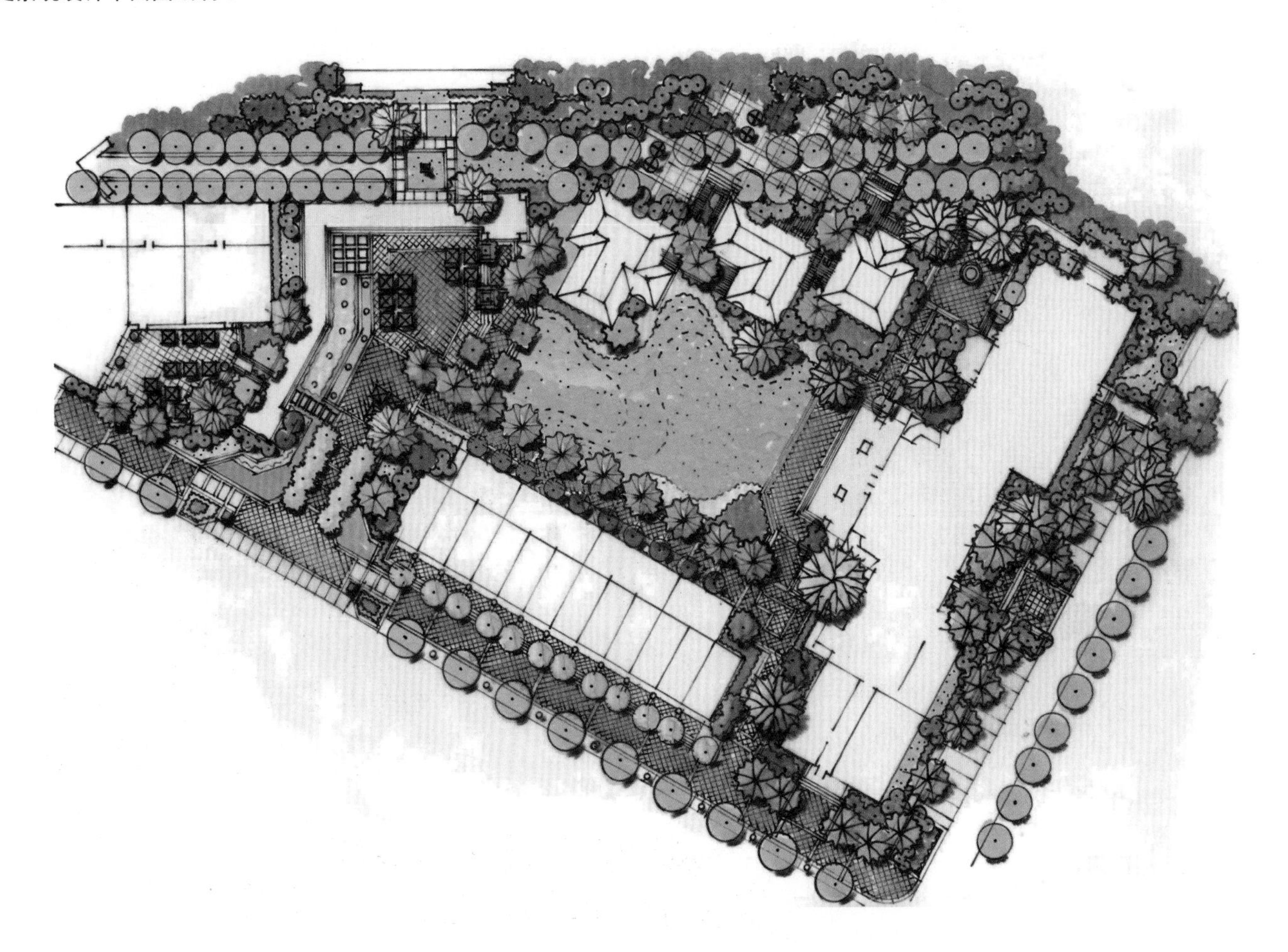

线稿是马克笔刻画的基础，画面清晰、结构层次明显及刻画重点突出的线稿，对于后期景观上色起到事半功倍的效果。为了强调设计的严谨性，线稿平面图的绘制基本以尺规作图为主，只有少量的植物是通过徒手绘制的形式进行呈现，即使在徒手绘制过程中，也需做到被刻画的物体整体形体相对准确。

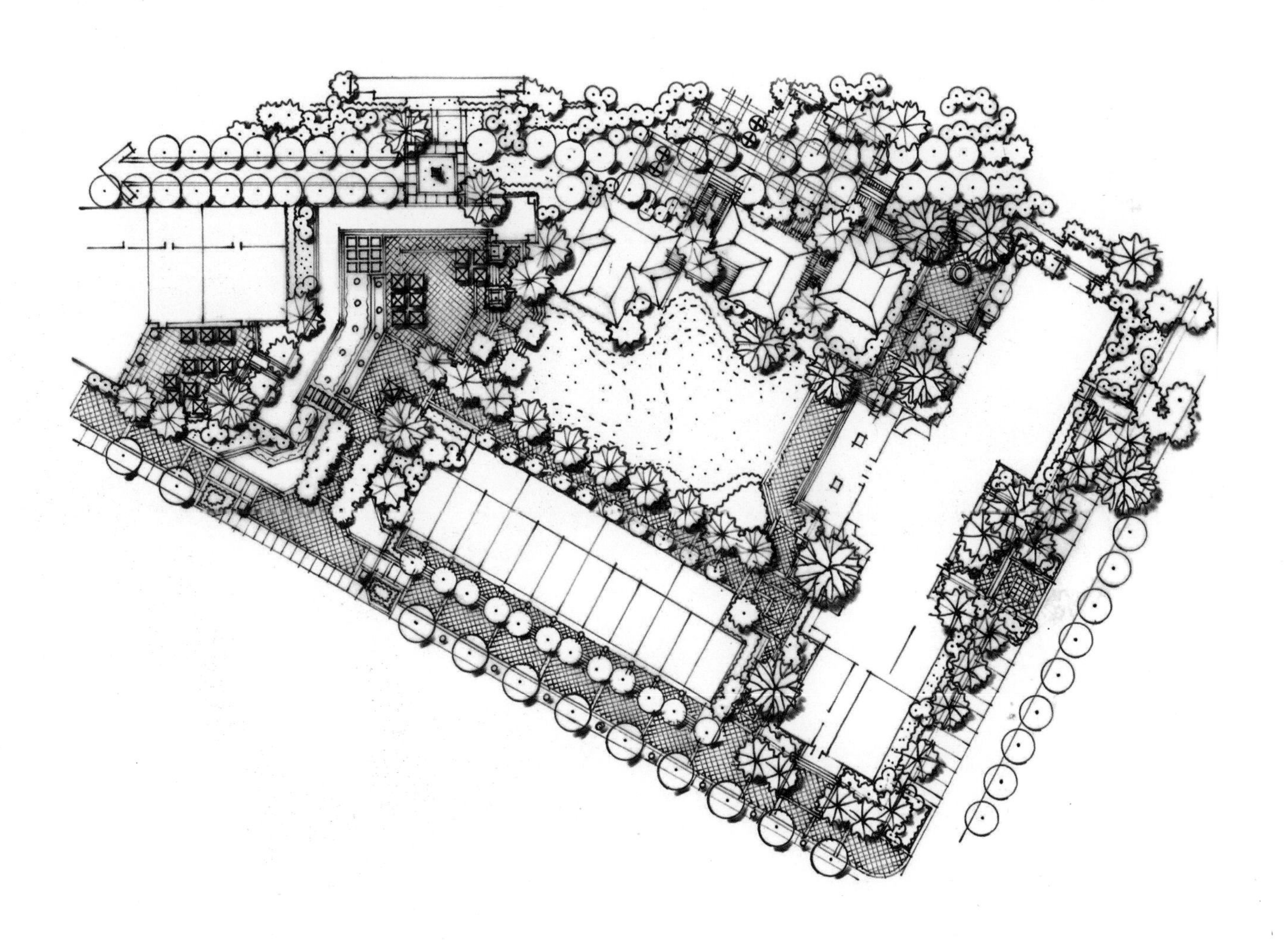

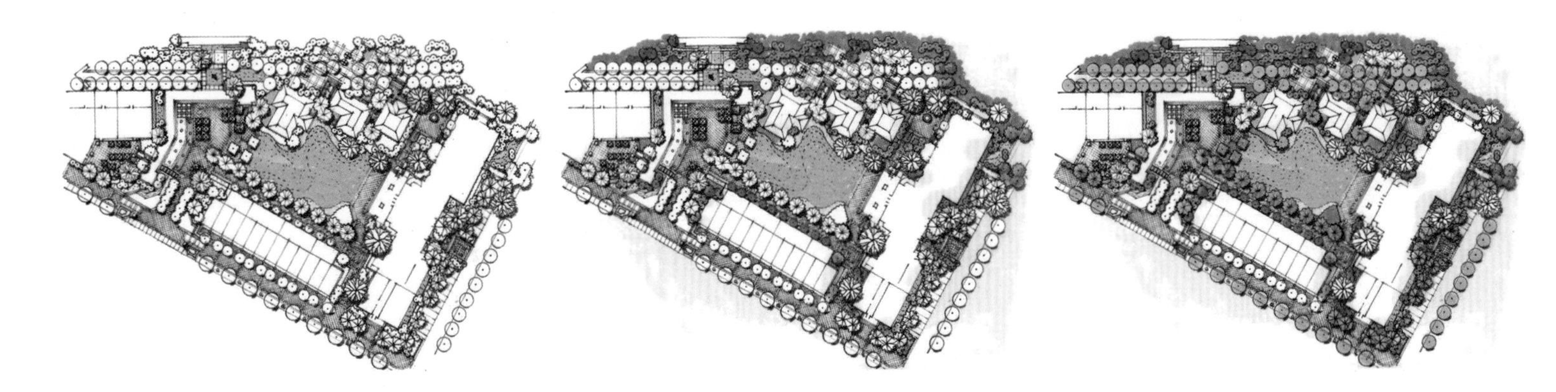

同样从草坪以最浅的绿色开始，继而是灌木、乔木、孤植树，颜色一步步加深。然后转到铺装、构筑物及小品，颜色又有所减淡。平面整体色调及点缀色依据物体的功能性质及画面需要进行相应的调整。

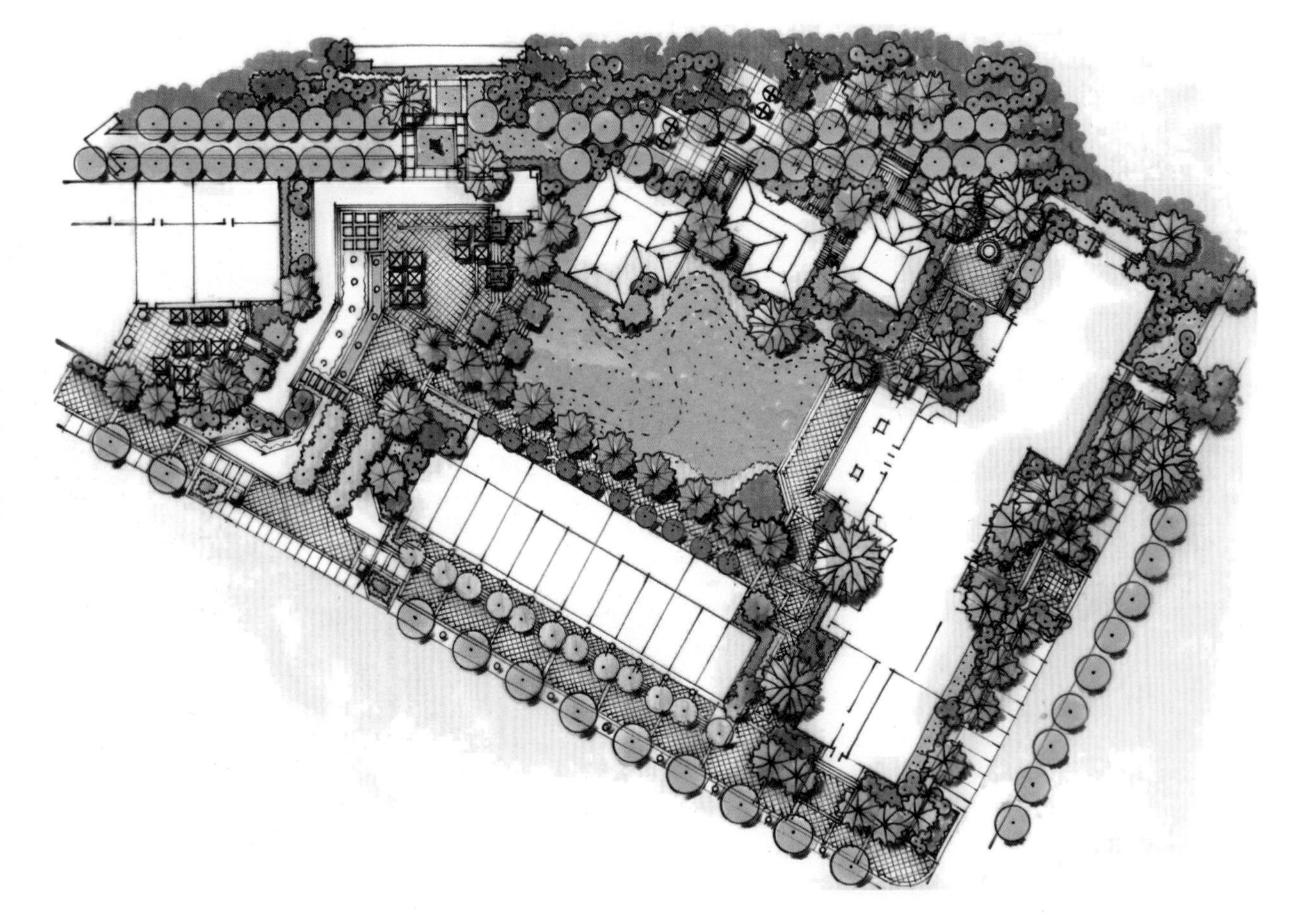

售楼处景观设计平面图绘制 2

售楼处所处的位置不同，建筑围合形态及性质不同，其景观设计应进行相应的变化，以符合整体空间功能和人们的具体使用需要。

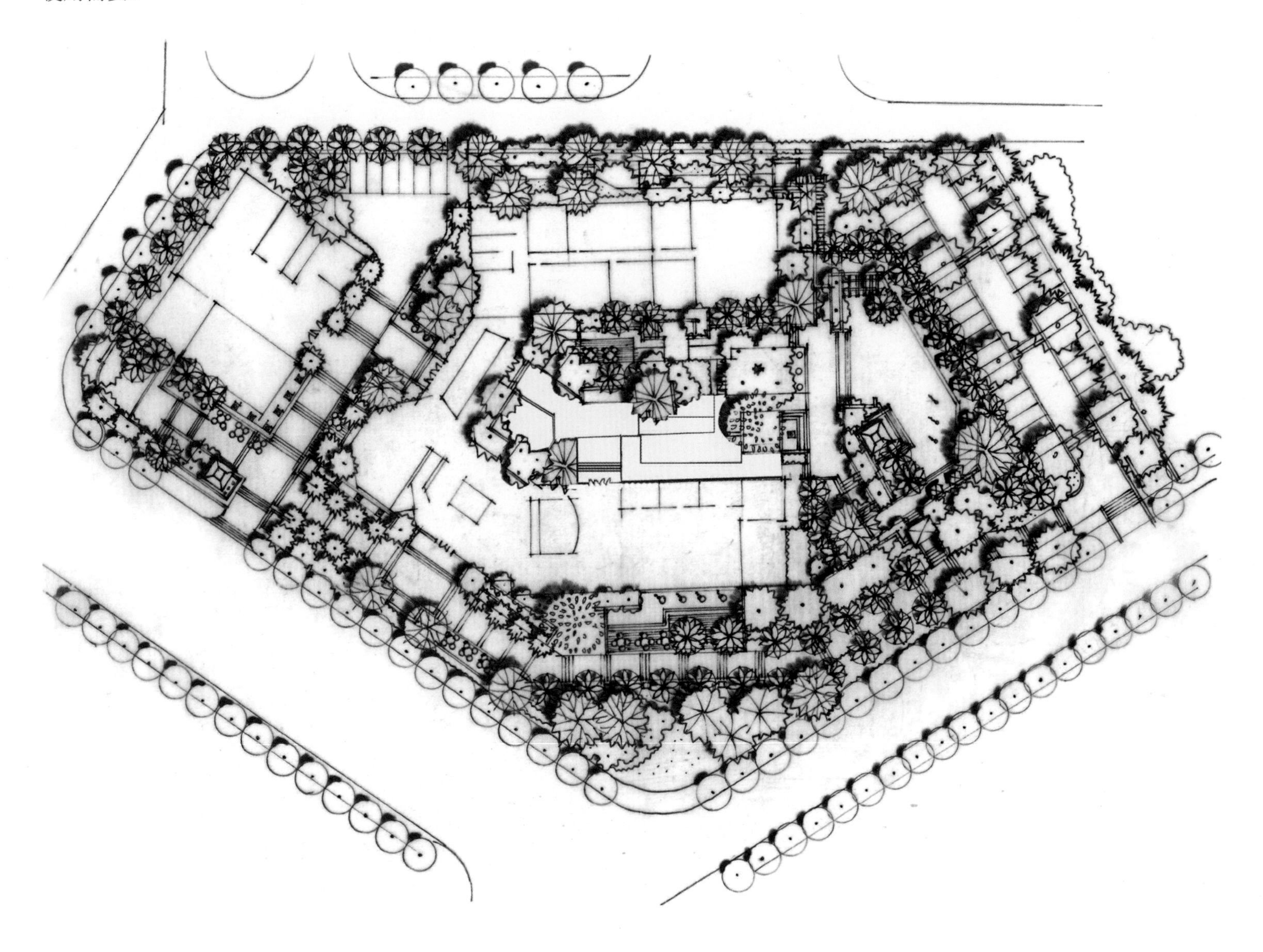

依次从草坪开始，由浅到深进行刻画，层次分明地交代平面中的每一个物体。

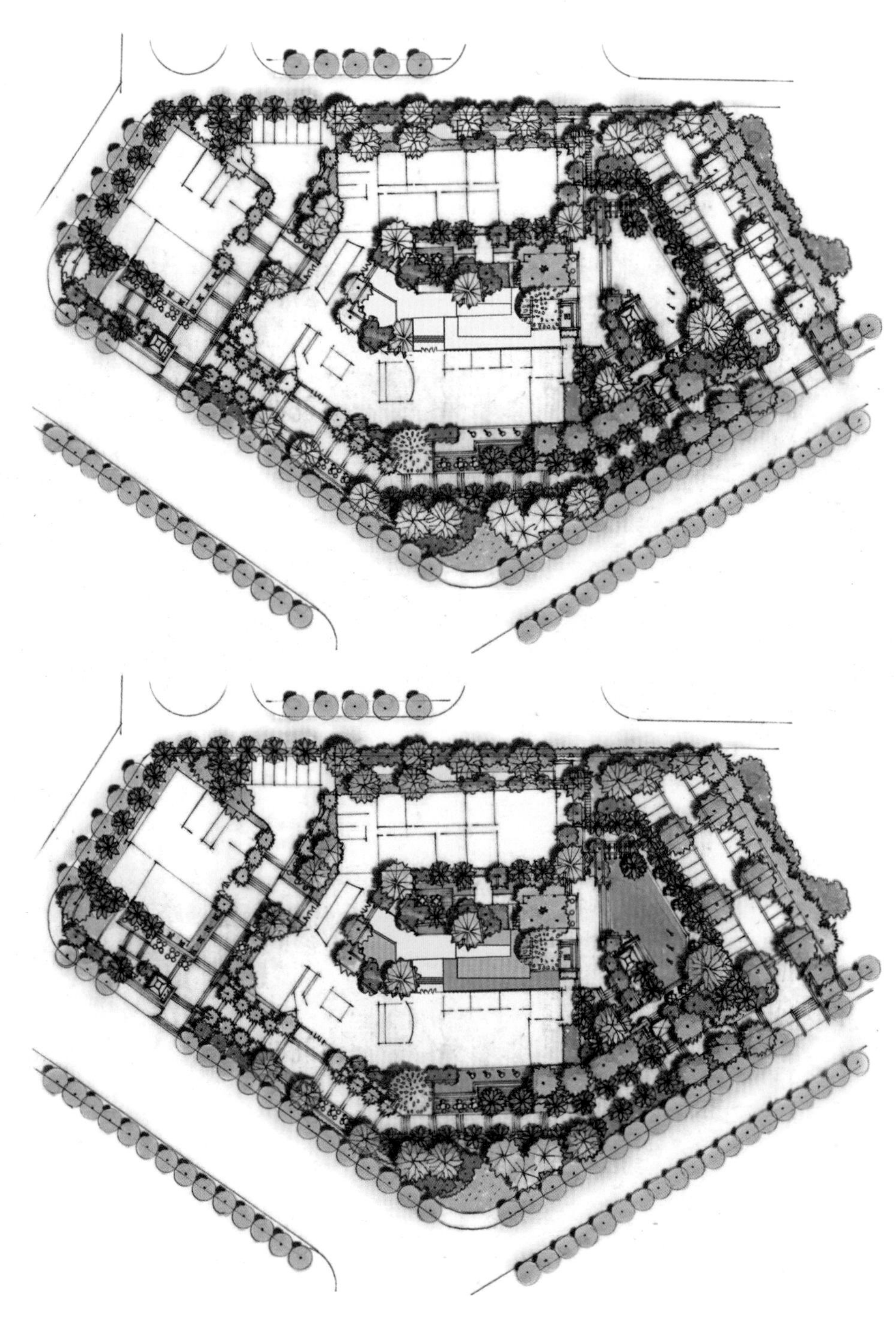

最后的成稿可依据画面的效果进行适度的调整，使之更为统一和丰富。

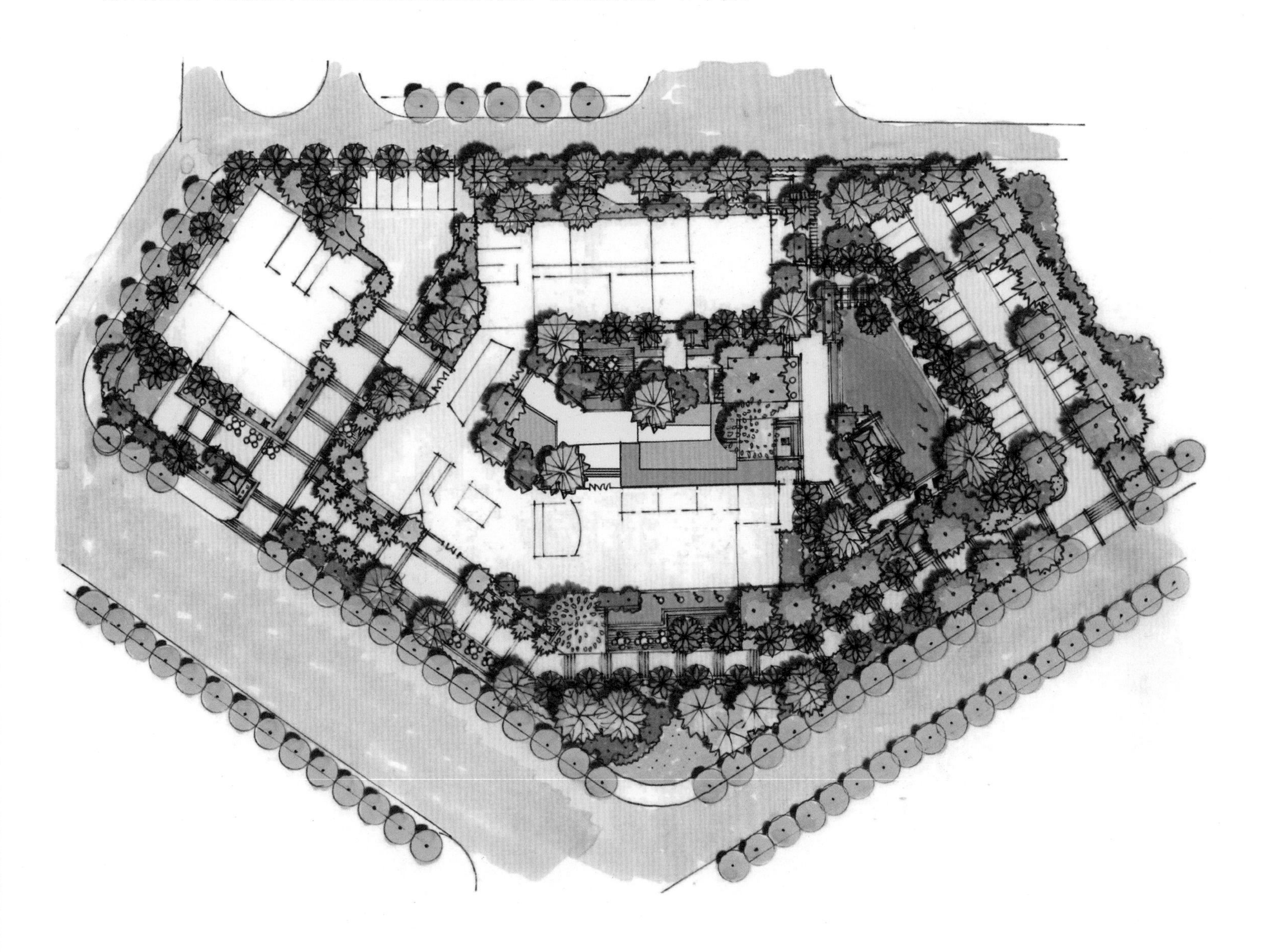

售楼处景观设计平面图绘制 3

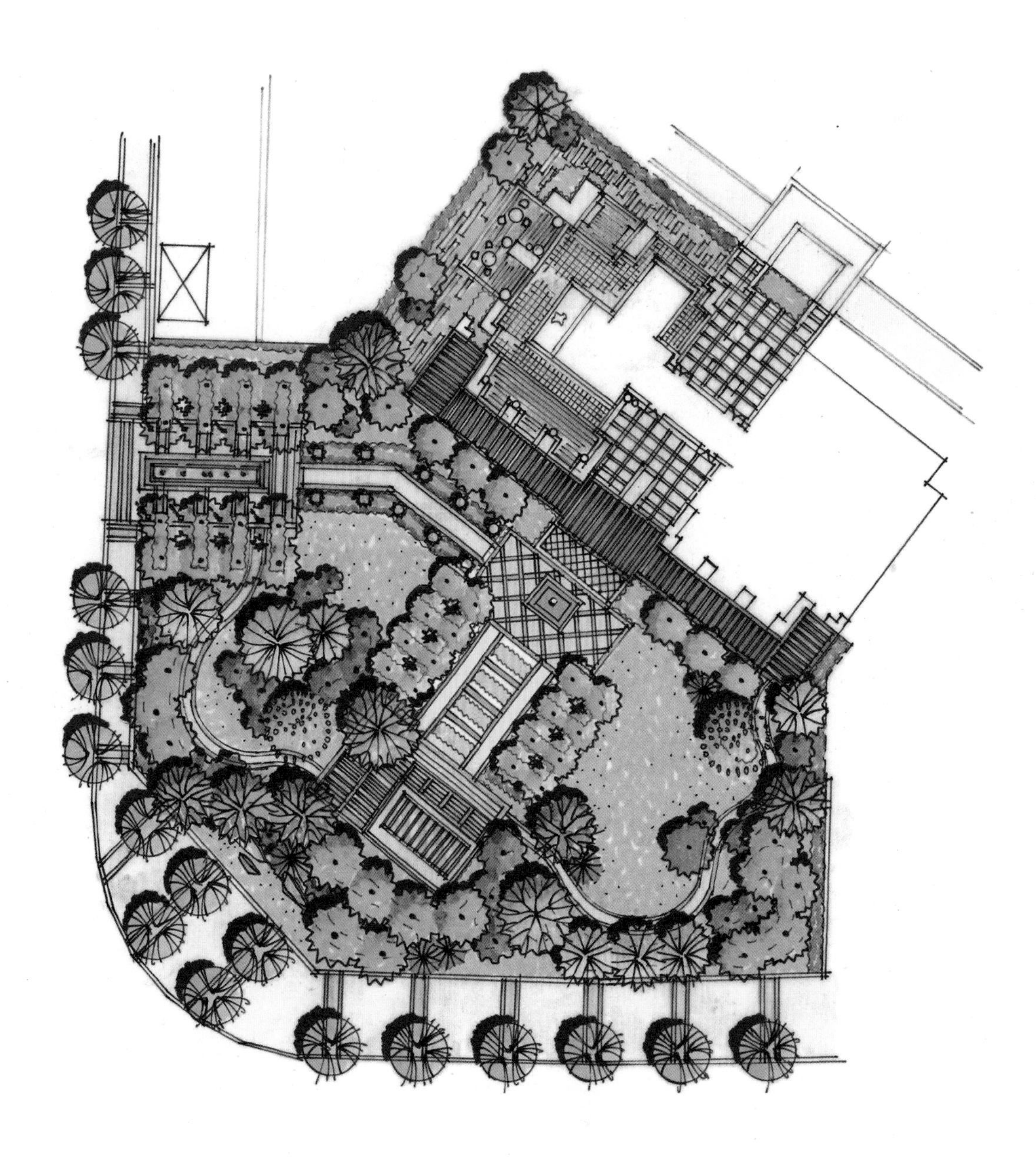

售楼处景观设计平面图绘制 4

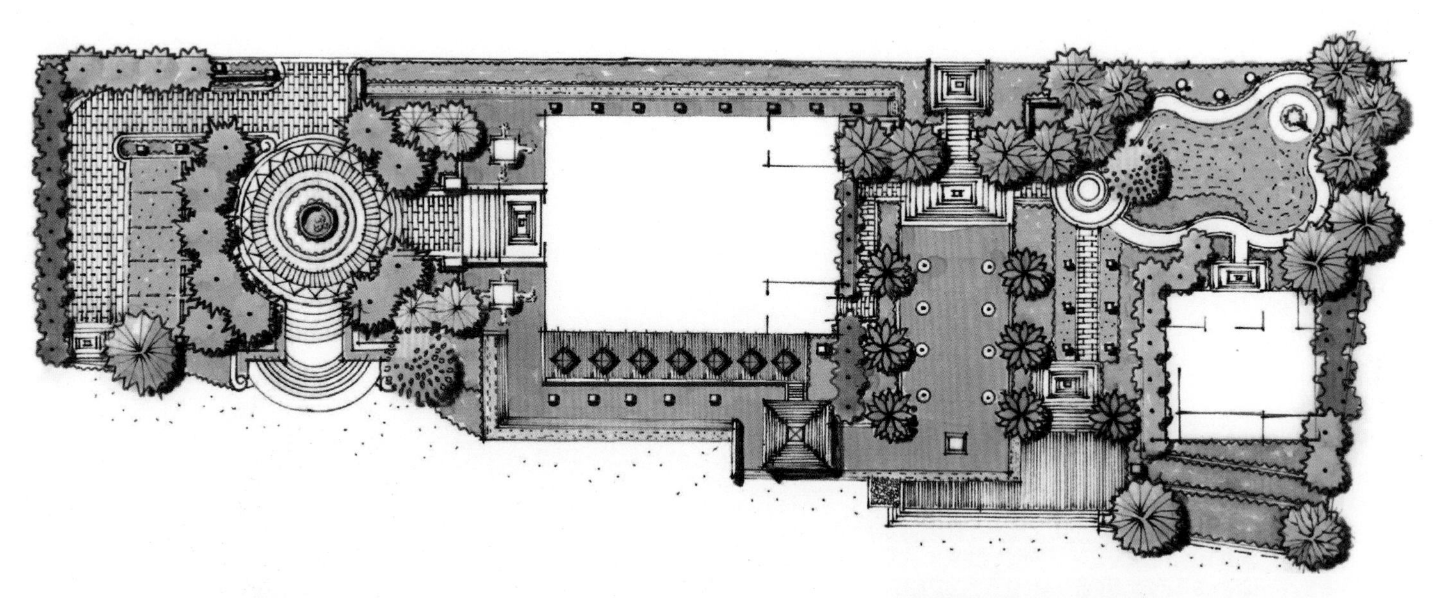

售楼处景观设计平面图绘制 5

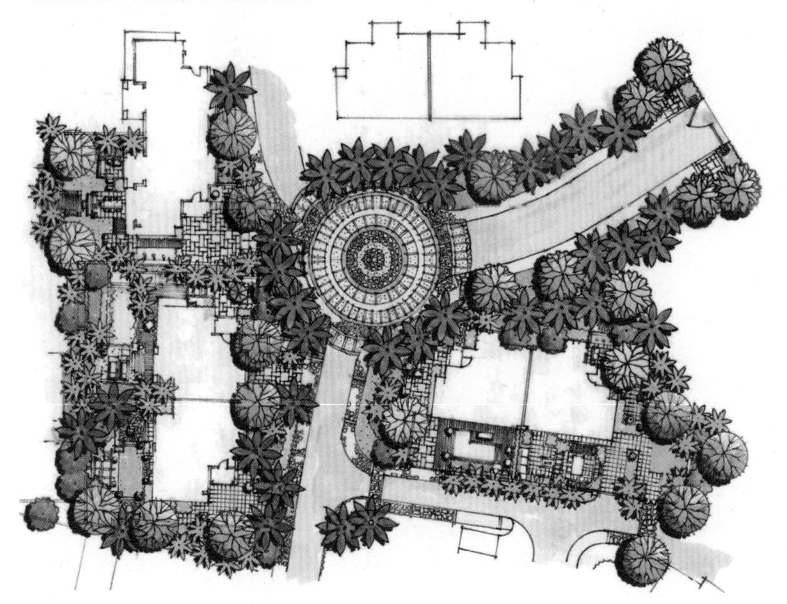

售楼处景观设计平面图绘制 6

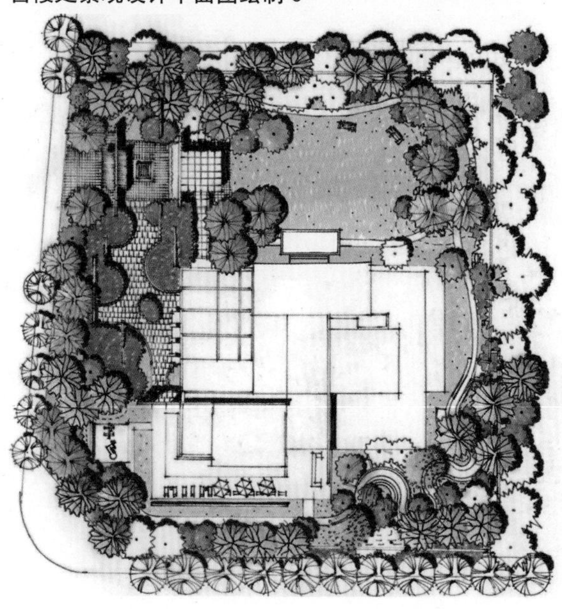

3.3 住宅入口景观设计平面图绘制步骤

住宅入口景观是居住小区和城市街道的连接点，也是展示居住小区对外形象的重要窗口。其入口景观的设计必须满足人行、车行的使用，即构成入口景观的各元素的设计需以入口自身功能要求为前提。住宅小区的入口除了具有一般通告功能外，还具有引导、标识、安全的功能要求，住宅小区入口景观的形式应随住宅小区入口的功能要求的不同而各具特色。从住宅总体规划出发，住宅入口与小区各住宅建筑的布局、交通流线、消防疏散等因素密切相关。居住小区入口景观的特色营造由具体的要素及其属性进行承载，它包括树、地形、水、植物、灯光、雕塑、门体、围栏、广场、铺装、建筑物等，这些要素与周围环境一起构成入口景观的整体特色，同时是所需要刻画的重点。

住宅入口景观设计平面图绘制 1

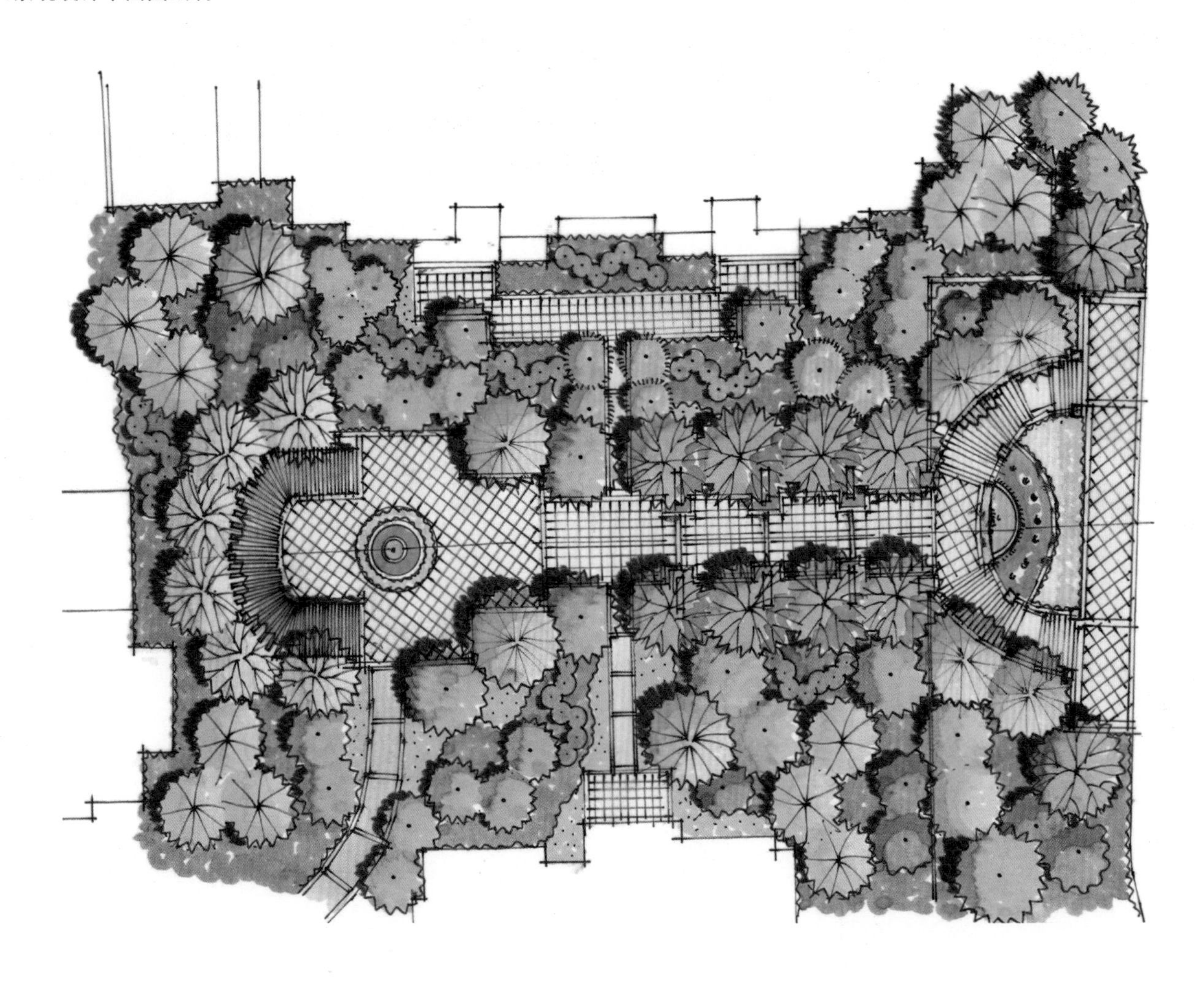

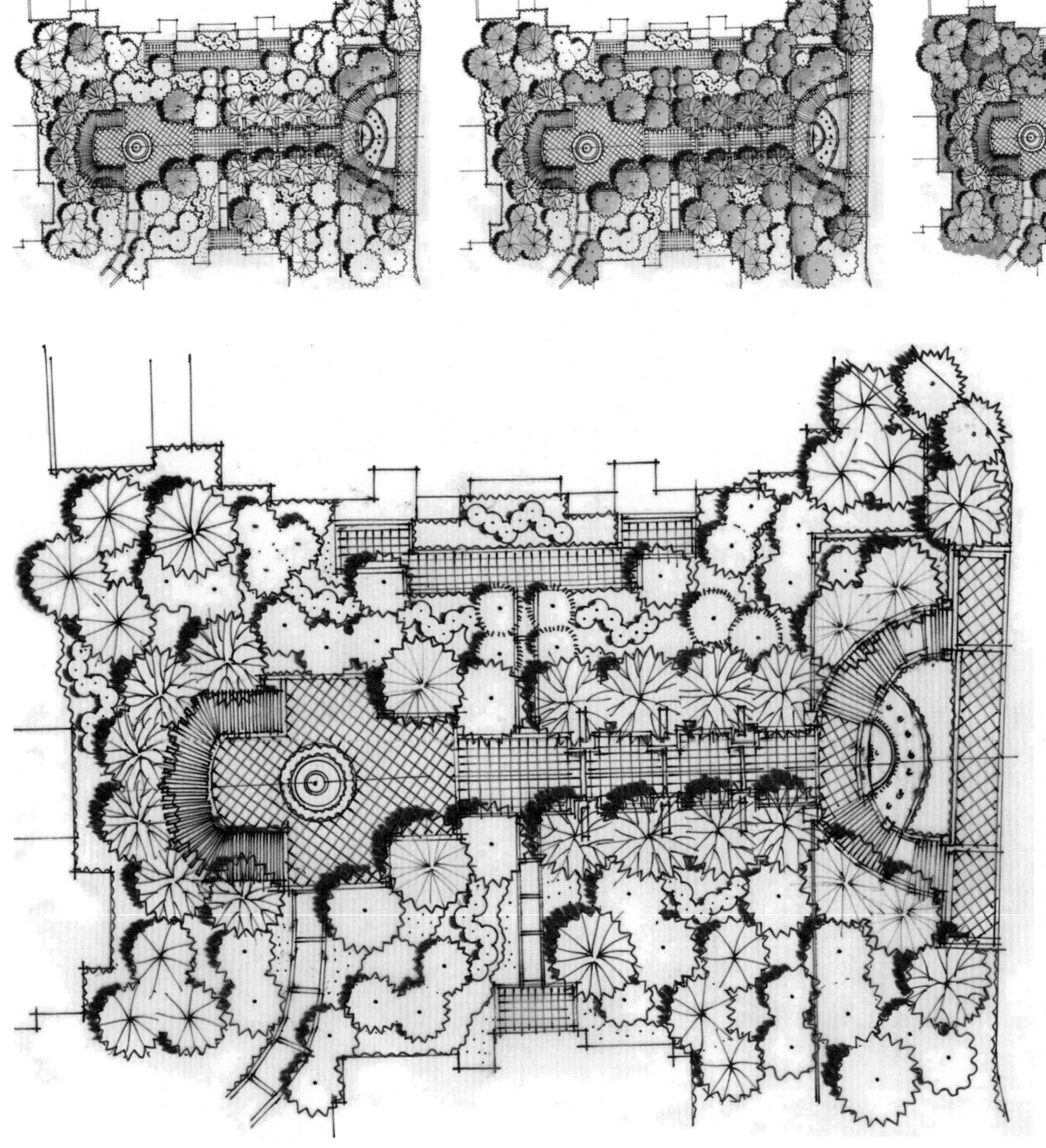

在线稿绘制过程中，首先需要确定整体画面的主光源，然后依据光源所在的位置对物体的投影进行刻画，依据物体的大小和高低，其投影面积亦有变化；其次通过线条的轻重缓急及不同排列方式来明确不同物体，最终主次分明地刻画出画面物体。

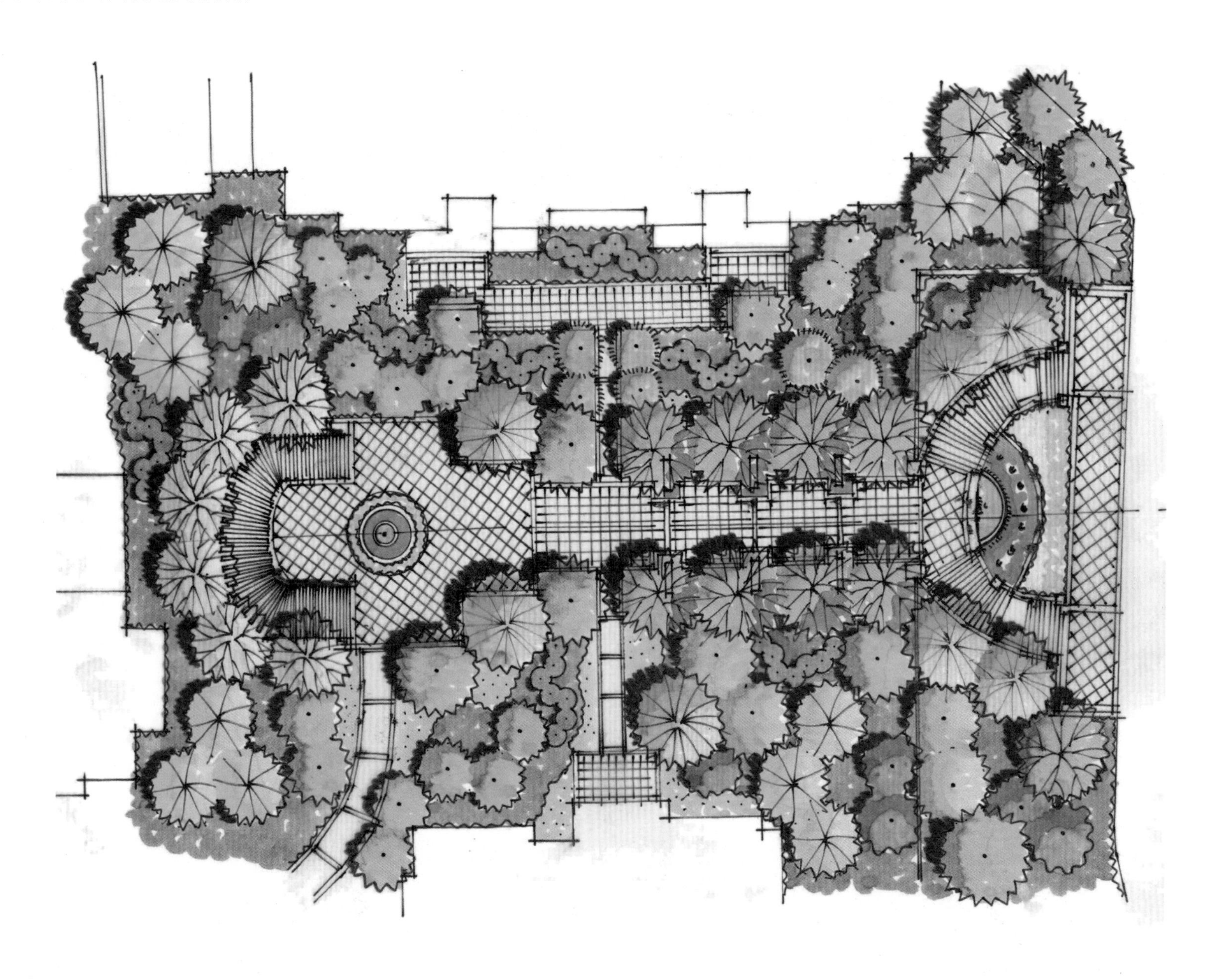

在线稿刻画完毕后，展开马克笔的着色，一般是从颜色最浅的草坪开始，如草坪颜色最深，可在最后对其进行刻画。本图采取的是从暖色调的乔木开始，进而展开其他冷色系乔木、灌木及草坪的绘制，完成大面积平面绘制，确定画面的基本色调。

住宅入口景观设计平面图绘制 2

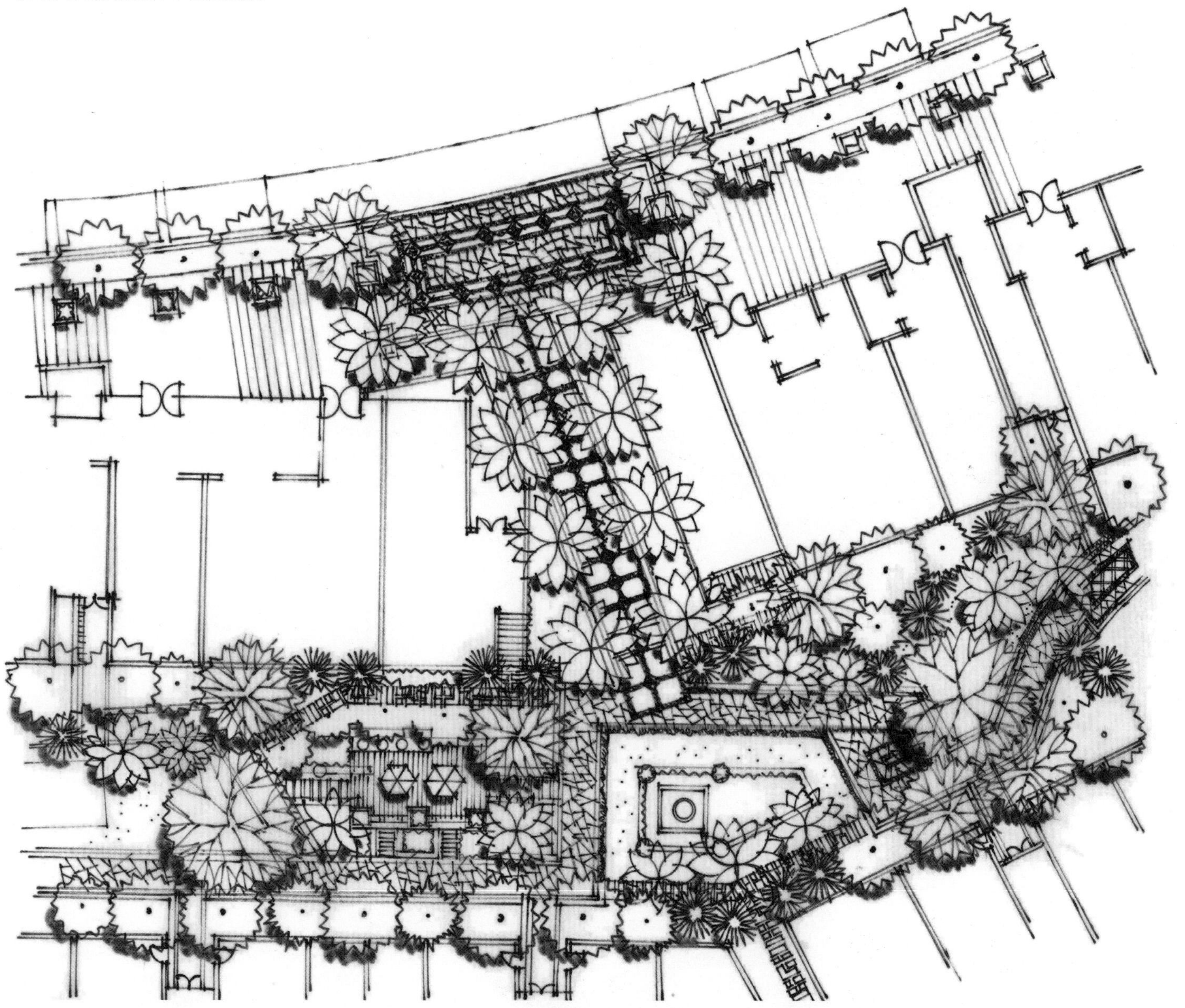

如景观平面图中，建筑所占比重较多，需绘制线稿时，在保留其关键信息的同时对其进行简化处理，从而达到画面构图的相对均衡，即视觉美感。

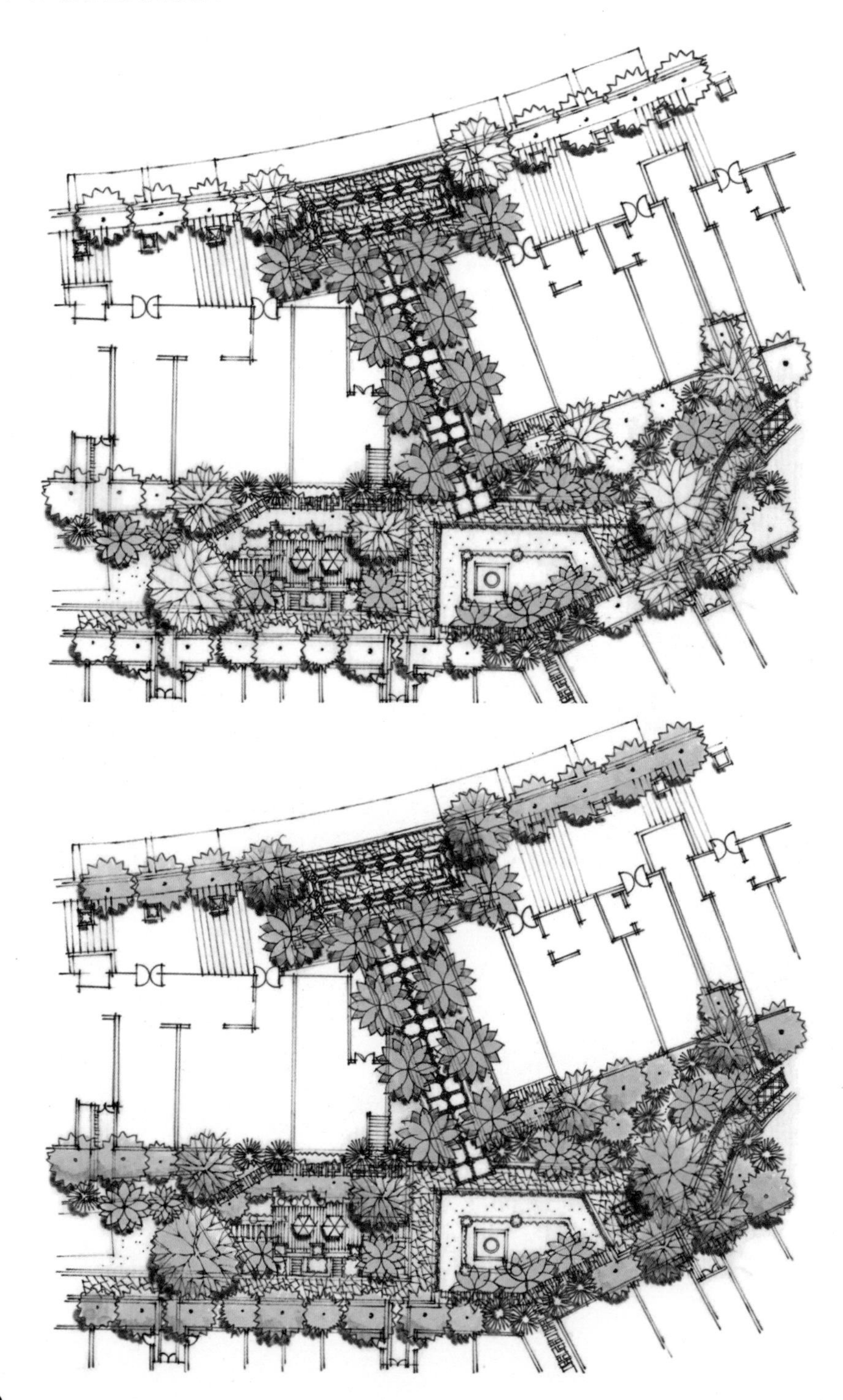

本图采取的是从冷色乔木开始，依次展开的是暖色乔木、灌木，建筑则采取的是留白的处理方式。

最后，依据软景整体色调对铺装进行着色。如软景整体色调偏暖，铺装则偏冷；如软景整体色调偏冷，铺装则偏暖。通常多数情况下铺装以暖色调进行处理。

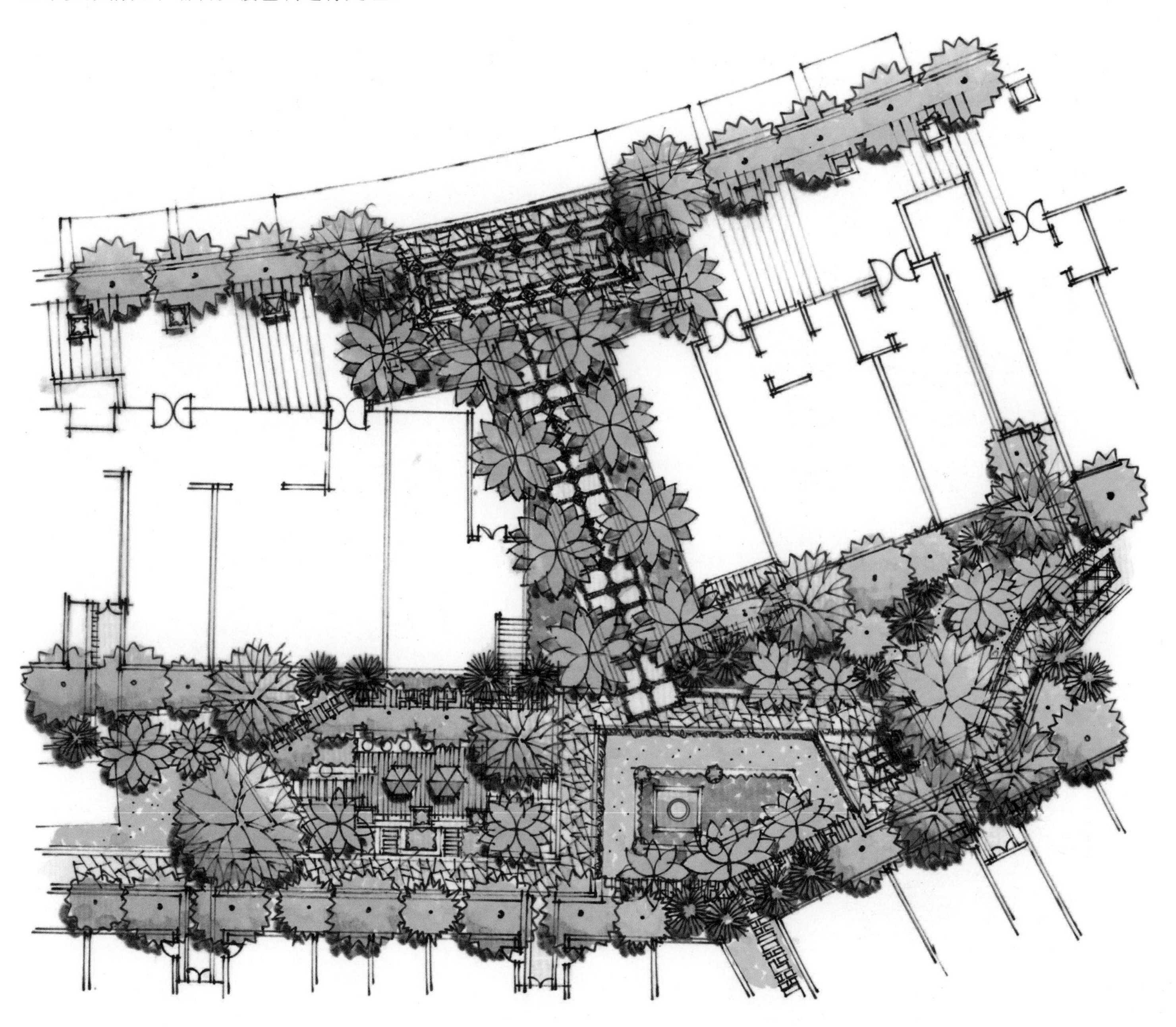

住宅入口景观设计平面图绘制 3

住宅入口景观设计平面图绘制 4

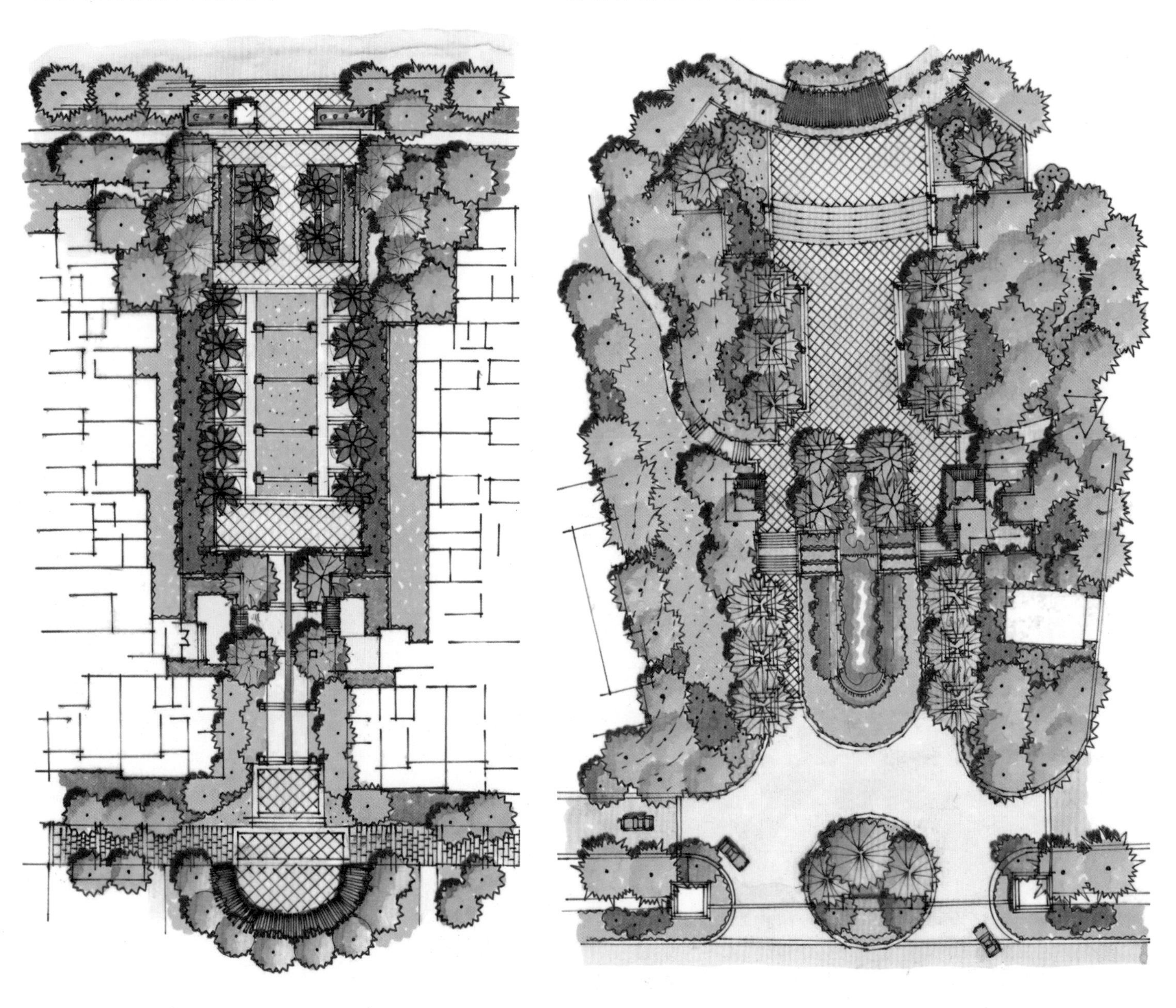

住宅入口景观设计平面图绘制 5

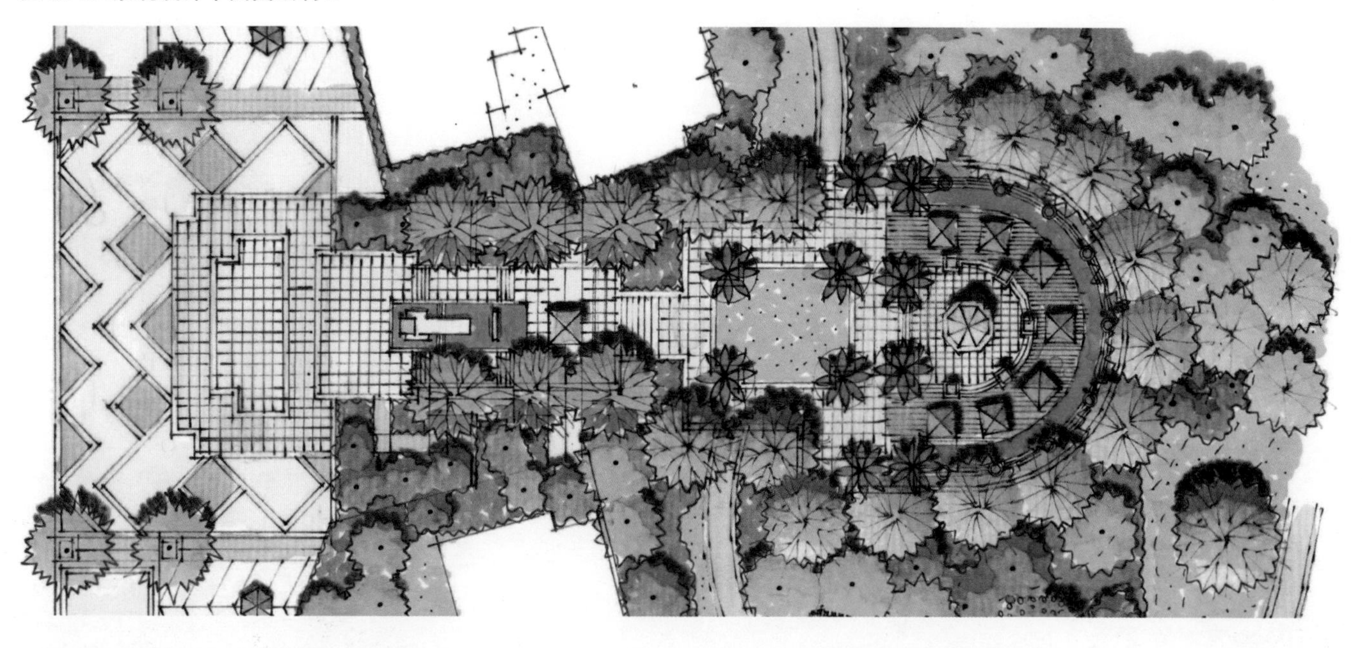

住宅入口景观设计平面图绘制 6

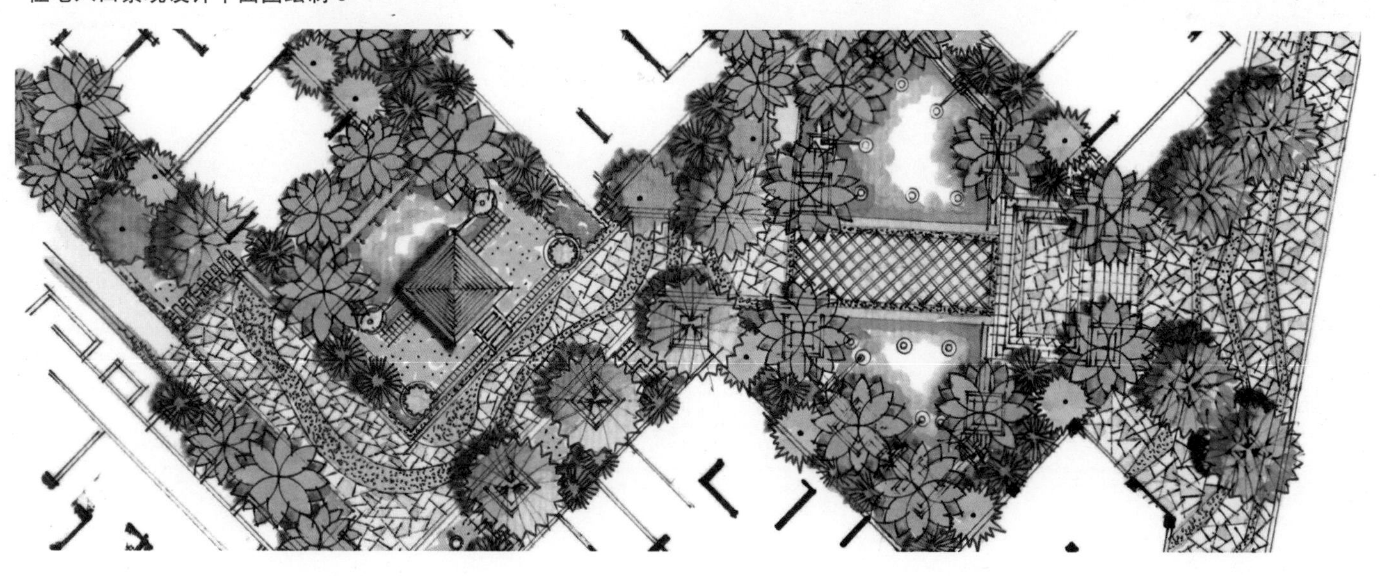

3.4 住宅组团景观设计平面图绘制步骤

现代住宅组团景观具有多样性、人文性、实用性、生态性和个性化等特点。组团景观绿地的服务对象相对稳定，作为住宅室内空间向室外延伸的组团绿地，对居民而言具有“家”的归属感。各类园林小品、活动设施、树木花草、水池、铺地等构成了组团绿地的主要景观要素，此外，赏景视线的组织、环境空间形态的塑造及社区文化氛围的营造等同样是组团绿地构景的重要内容，不仅如此，组团绿地景观的组织与其居民的心理及行为特点密切相关。组团绿地景观应灵活应用造园要素，合理组织空间，创造出开合有序、明暗多变、大小宜人、景色丰富的园林绿地空间。在营造人性化园林环境绿地的同时，带给居民归属感、领域感及与自然的和谐感，达到景为人所造，人为景寄情，创造出情景互动和陶醉园林的满足感。而这些都需要对组团平面进行良好的表达，突显景观设计师设计意图。

住宅组团景观设计平面图绘制 1

组团景观线稿需交代清楚其景观小品、活动设施、树木花草、水池、铺地等主要景观要素，同时要处理好画面重点区域的刻画，做到疏密有致、主次有别、收放自如，规范有序的线稿是马克笔着色的基石。

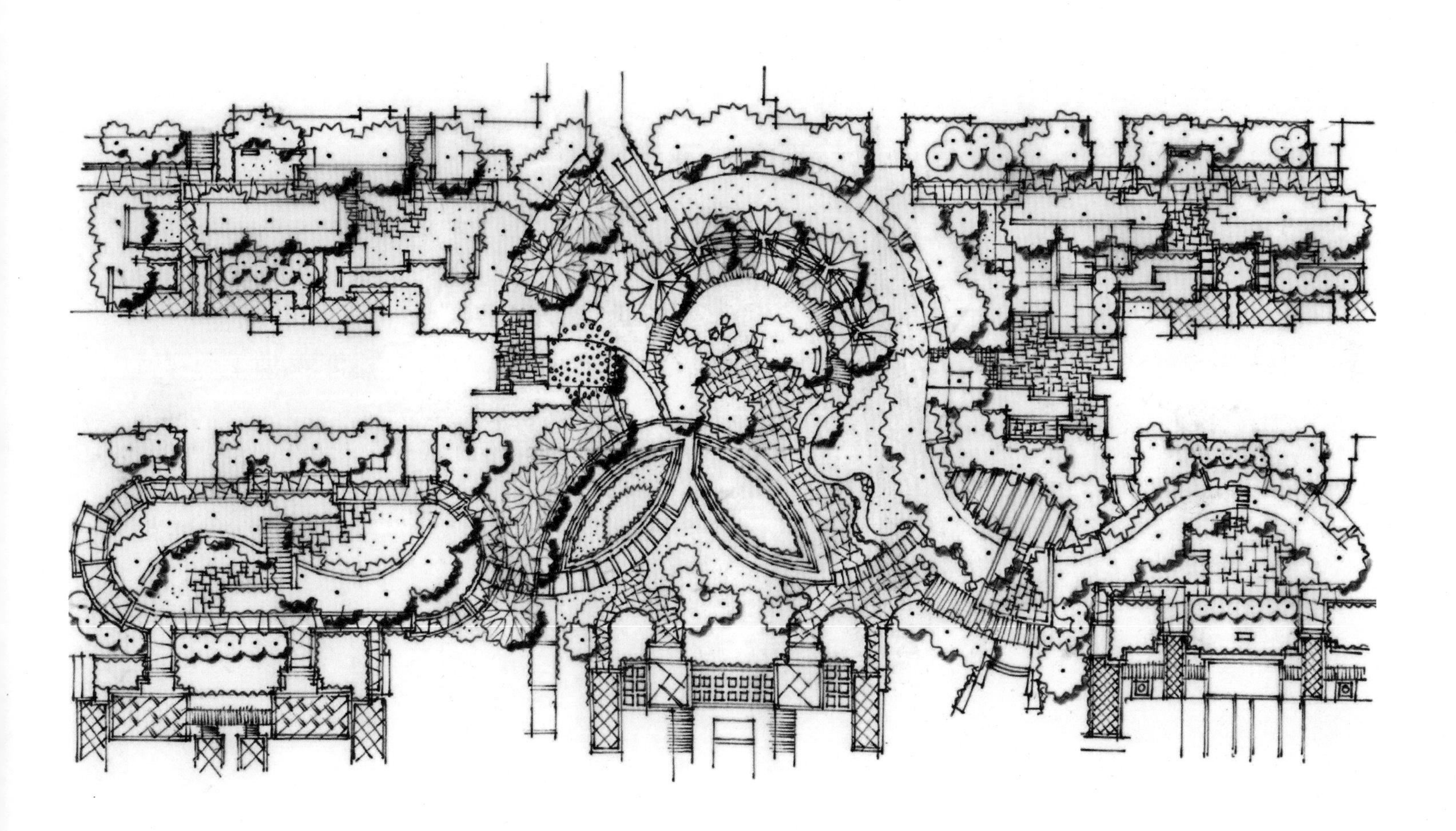

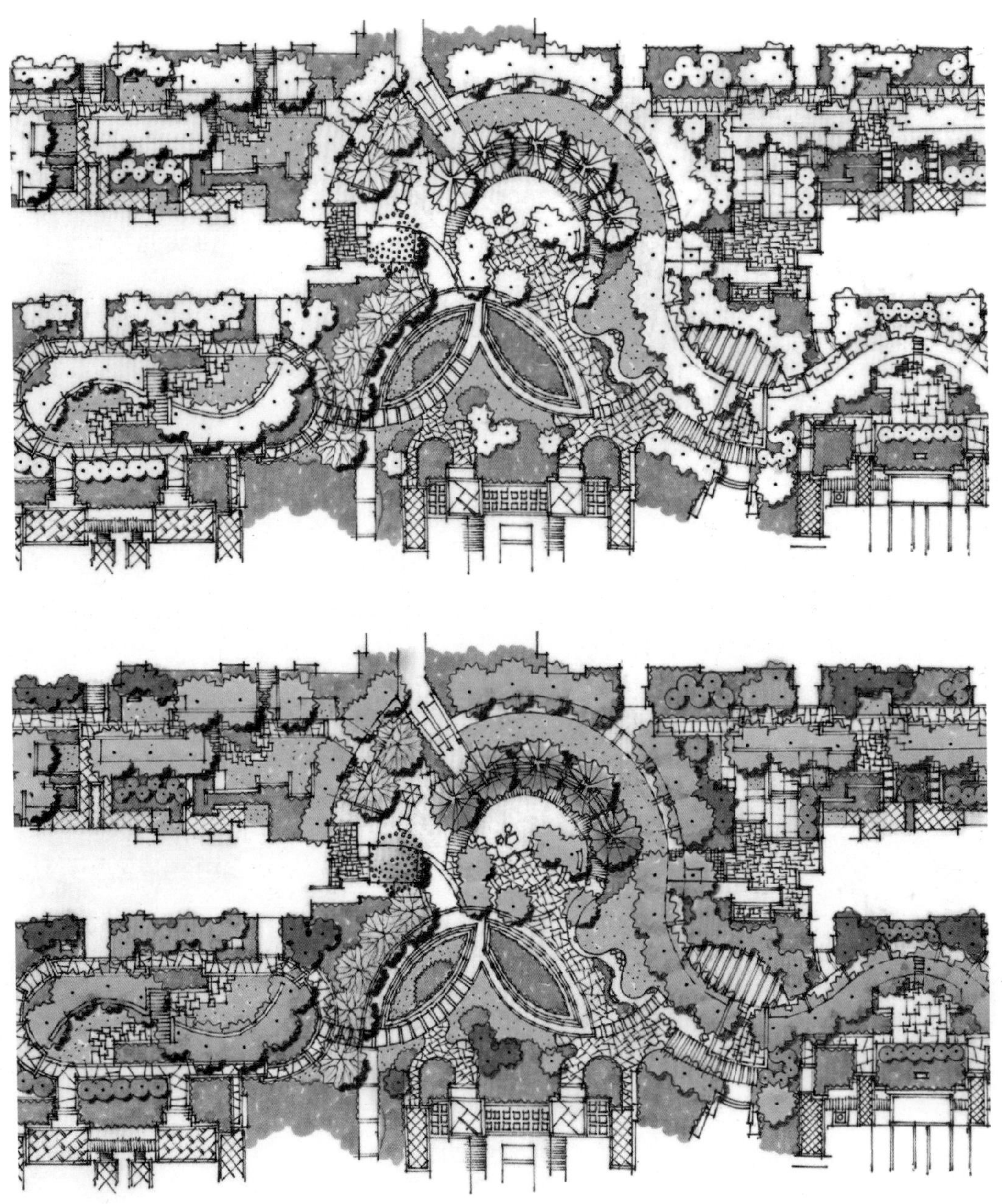

根据设计表达的需要，确定画面整体色调及主要刻画点，采取冷暖对比的方式突出画面中心，形成视觉焦点。

住宅组团景观设计平面图绘制 2

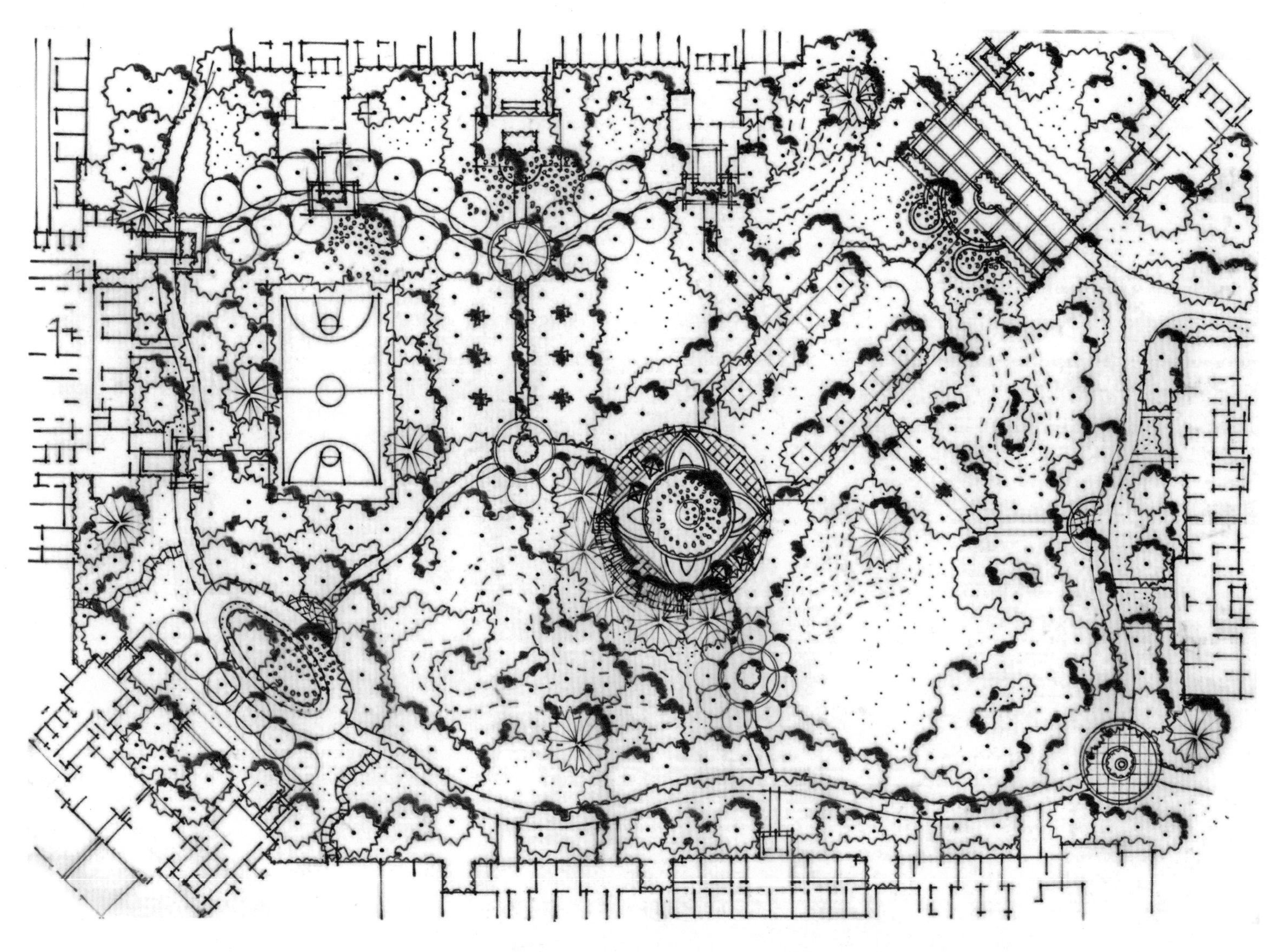

此住宅组团景观平面比较丰富，包含的内容也较多，有不同形态的活动节点及活动设施。在线稿处理过程中，需刻画好道路的流线走向，依据道路清晰表达串联各空间的节点，使复杂的画面变得容易解读。

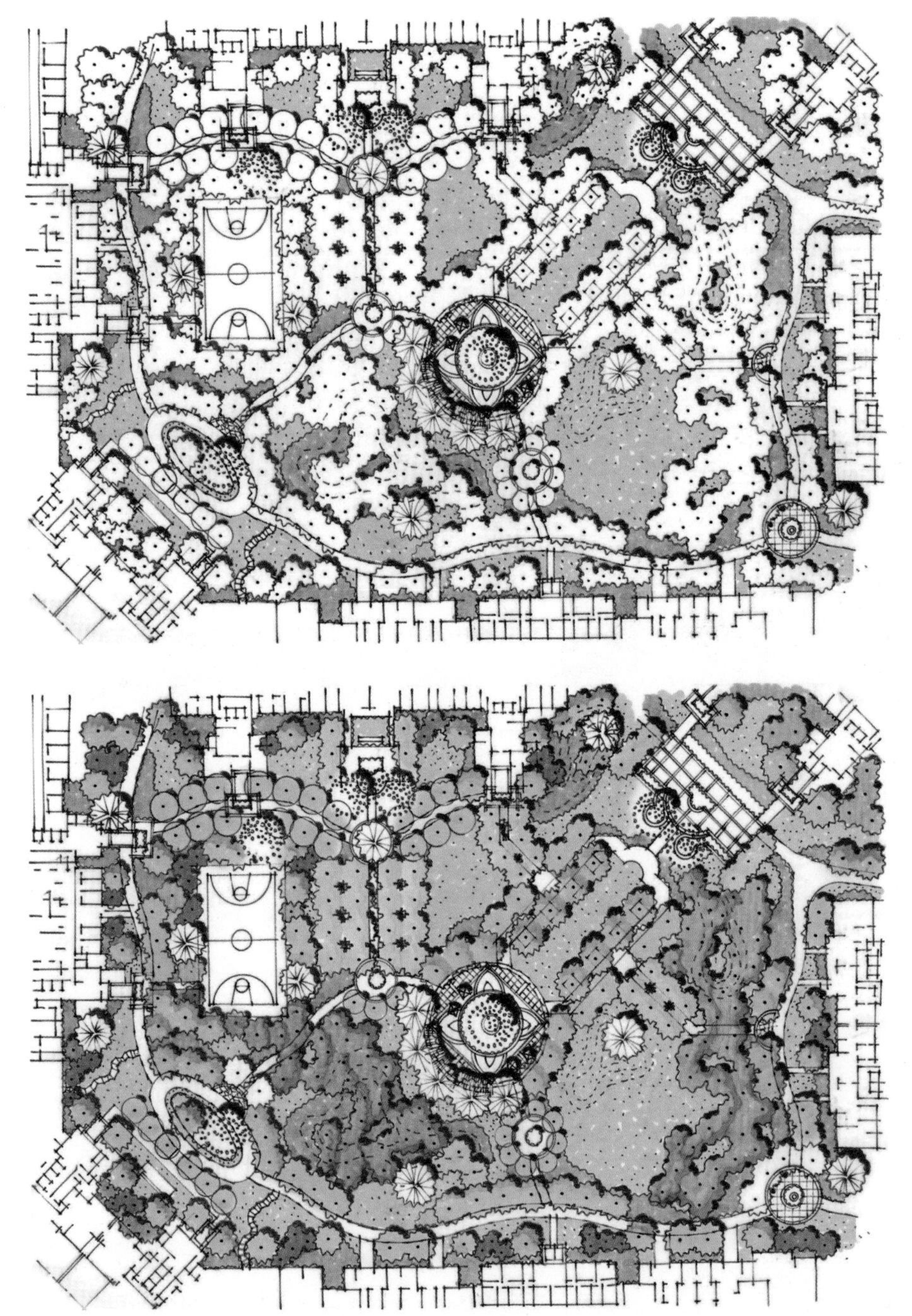

采取从草坪开始着色的方式，色彩明度由草坪、灌木、乔木等构筑物一层层递进，从而交代不同物体空间。

道路与建筑以尽量留白的形式呈现，使之与软质景观形成鲜明的对比，两者在互相映衬下相得益彰。

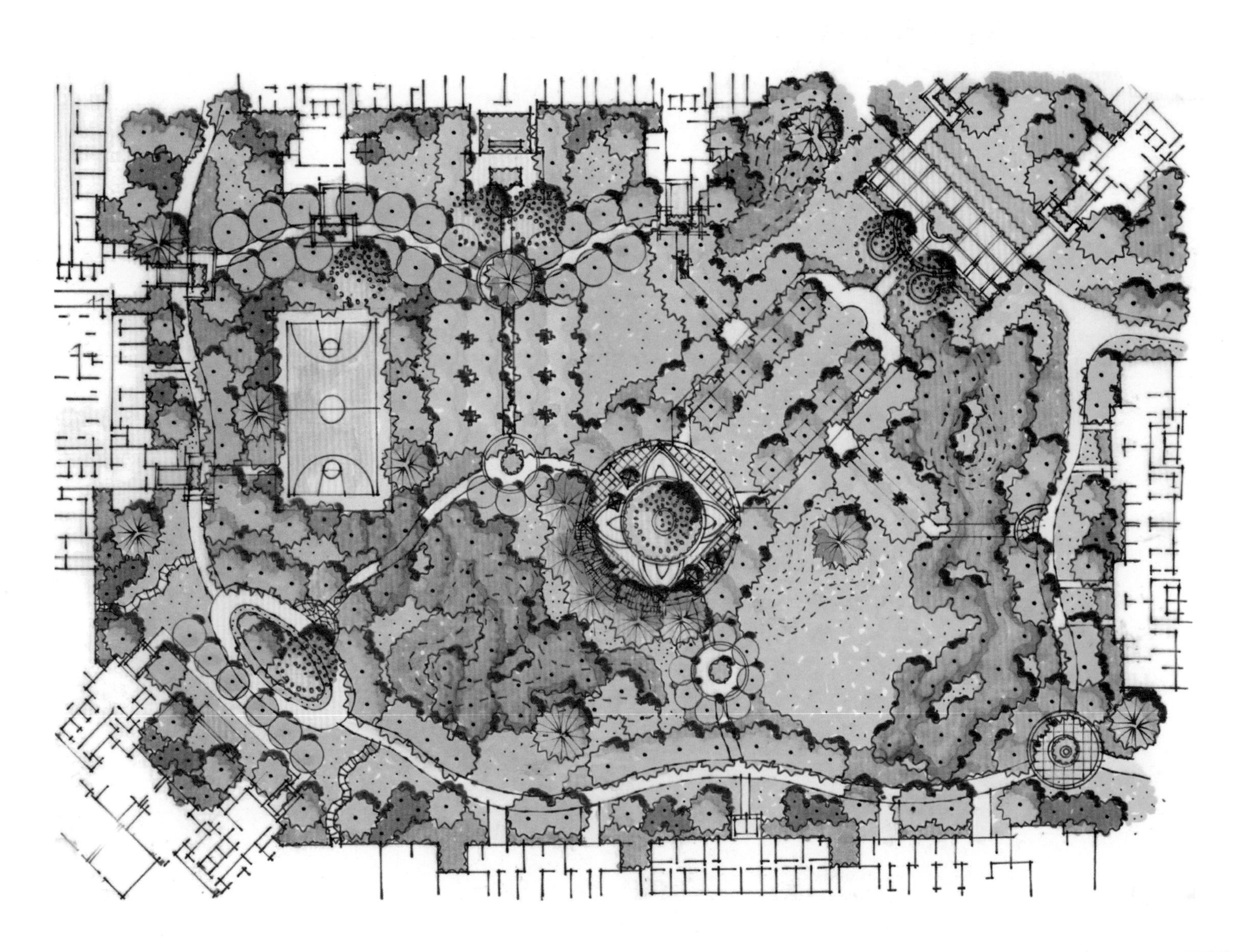

住宅组团景观设计平面图绘制 3

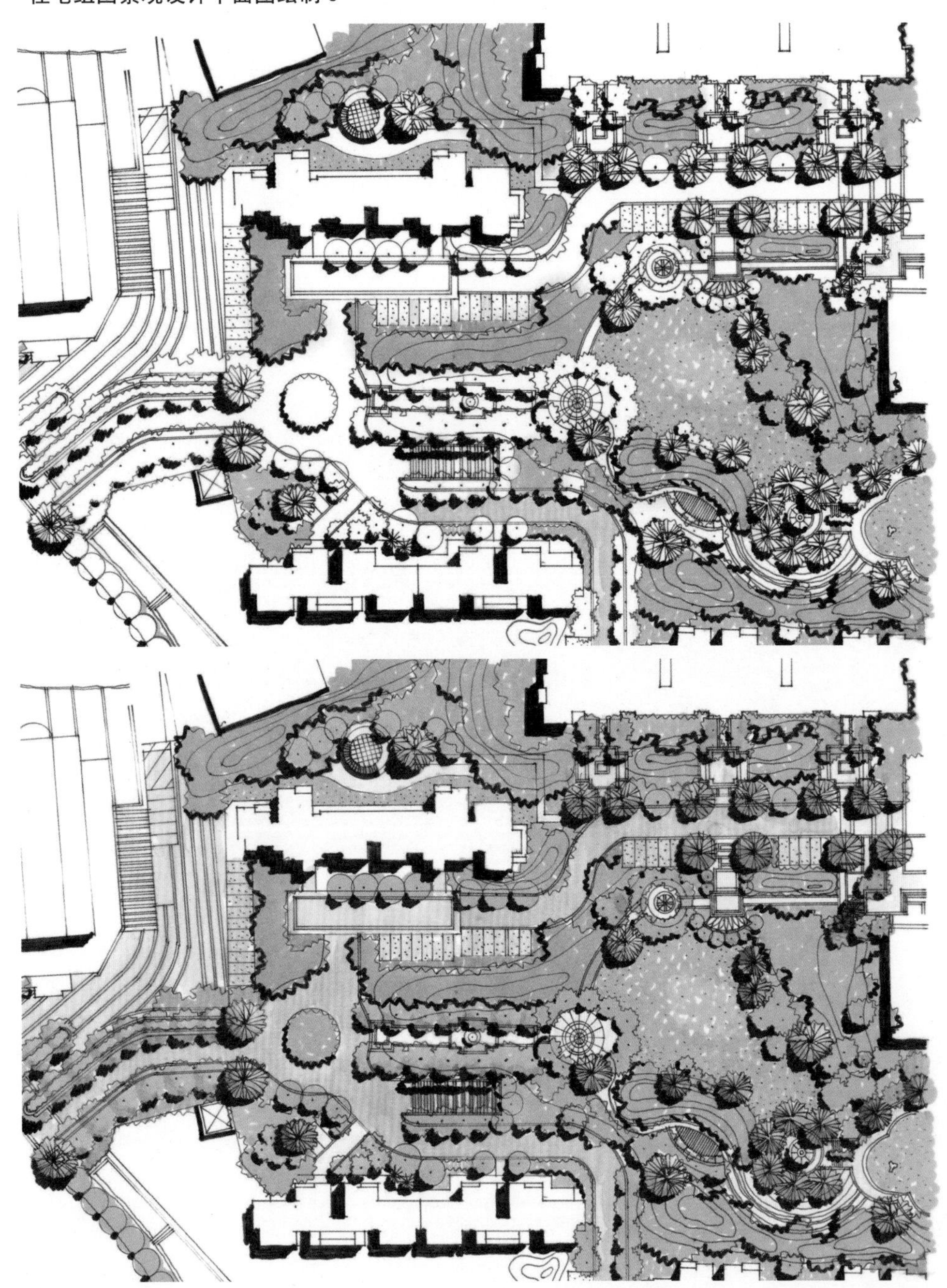

在上色过程中，通过色彩的冷暖来强调画面主要空间，形成视觉焦点。通常情况下，暖色都会用在入口节点或住区休息空间，以“点”的形式活跃在植物整体的“面”之中。

住宅组团景观设计平面图绘制 4

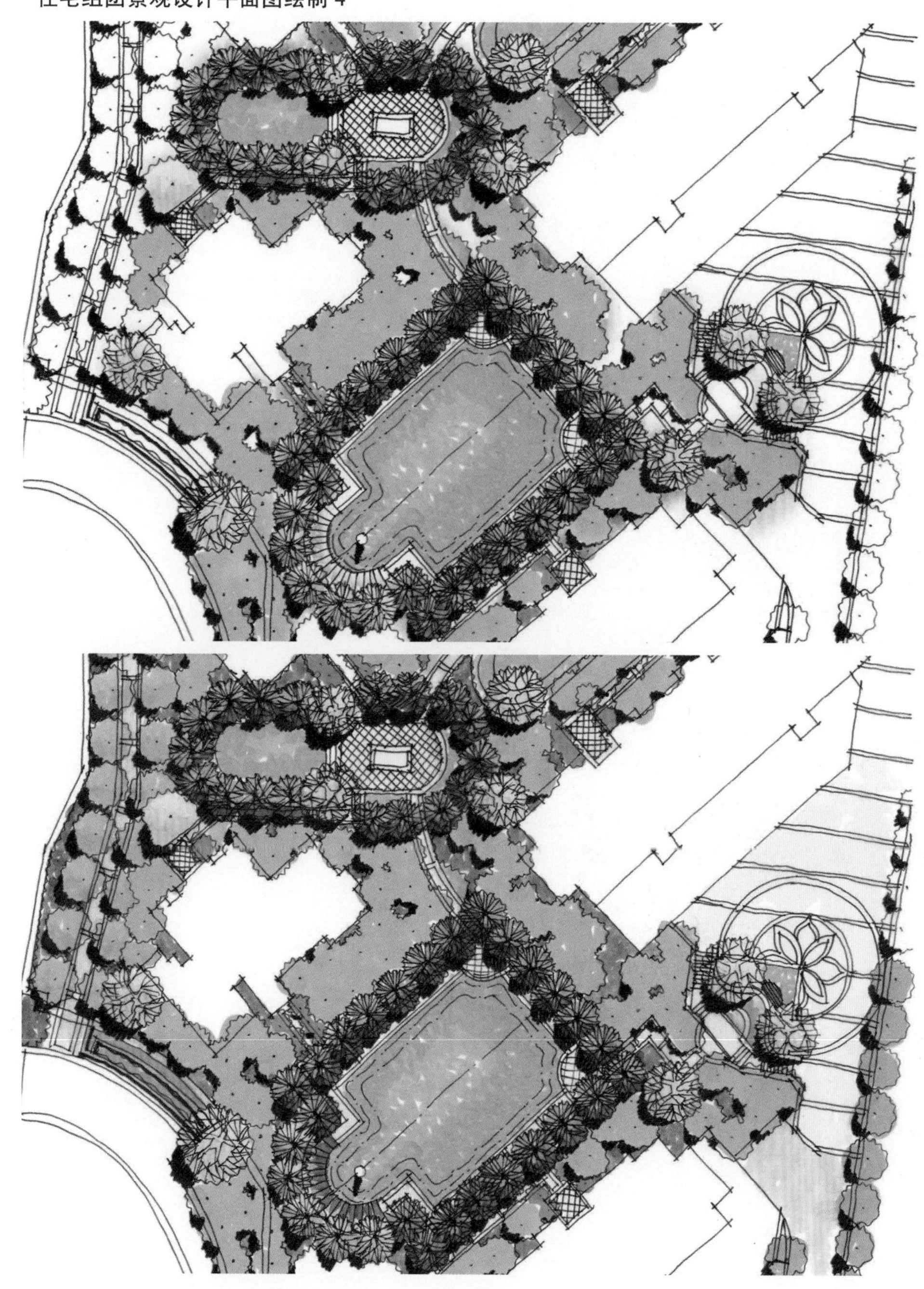

在平面图上色过程中，需处理好不同物体在平面中的明暗关系，其各个要素明暗程度应由浅到深地组织，从而做到层次分明，物体刻画明晰。

住宅组团景观设计平面图绘制 5

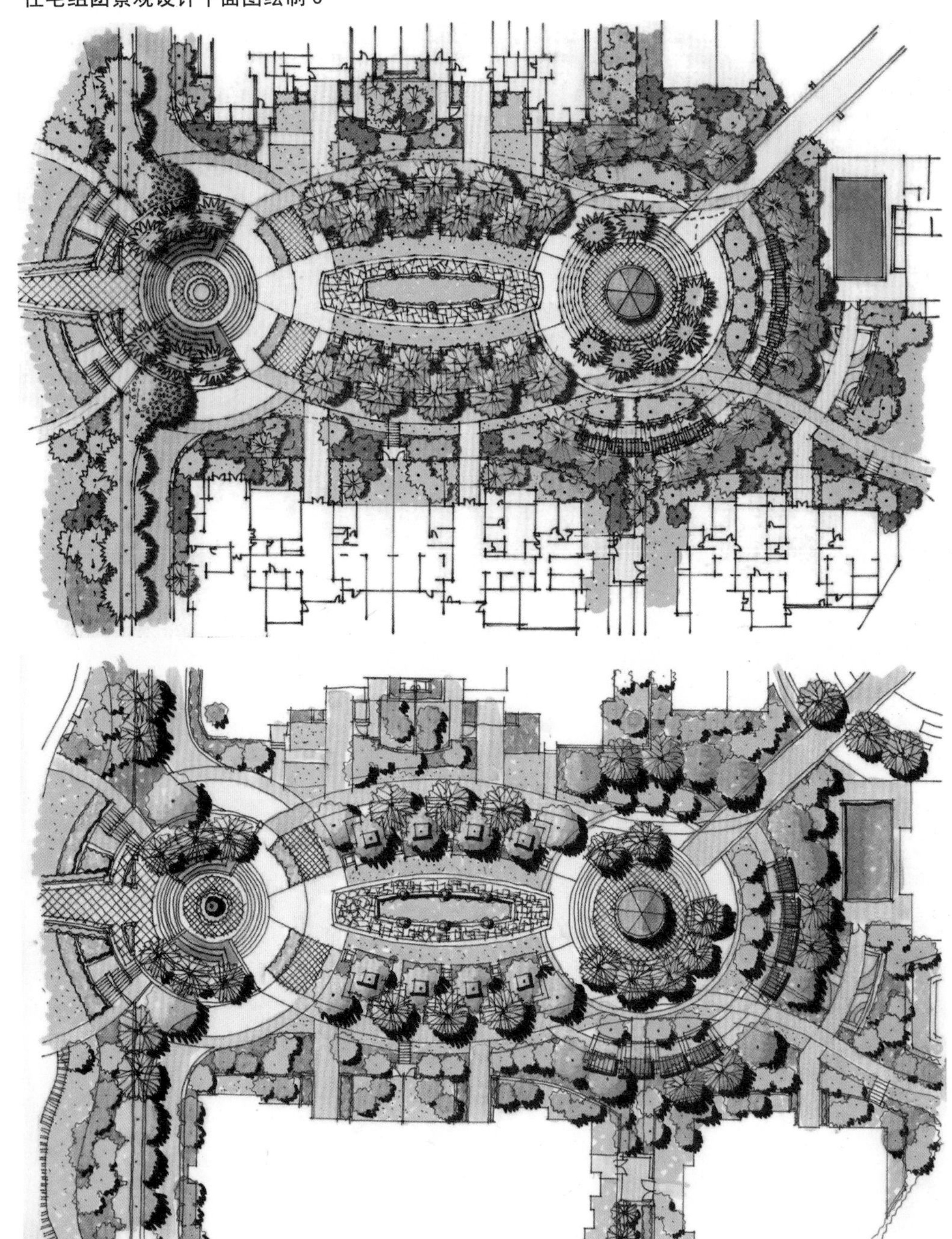

同一幅线稿，因各自色调不同，带给人们的直观感受不一。通过不间断的冷暖色调练习，能够提高我们对马克笔的控制能力及确定自己所适合的色调风格。

住宅组团景观设计平面图绘制 6

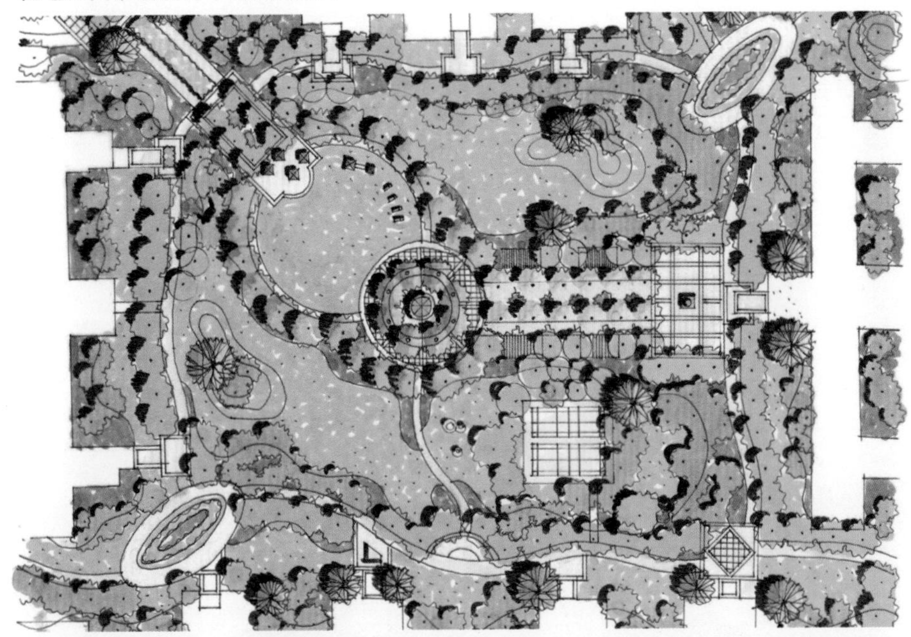

组团出入口及重要节点以暖色调进行处理，形成视觉观看点，更清楚地表达设计意图。

住宅组团景观设计平面图绘制 7

画面中需要重点表达的对象用暖色调进行处理，增加视觉吸引力，形成视觉焦点。

3.5 住宅泳池景观设计平面图绘制步骤

住宅小区中的泳池是小区的中心景观和视觉焦点，既是体现住宅景观画面中的灵魂、精髓，还是激发、促进整个住区邻里互动、交往的“孵化器”。其造型总体上可以分为自由式、规则式、自由与规则相结合三种。具体采用何种造型需要依据项目所在环境特点、项目场所特征、风格要求而定。住宅小区泳池一般与园区中心花园结合设计，位于建筑物前方或庭院的中心，作为主要视线上的一种重要点缀物，其本身有着双重的功能，既有健身价值，又可以成为整体环境中令人感到愉悦的观赏焦点。在居住环境中，多姿多彩的泳池越来越受到人们的青睐。

住宅泳池景观设计平面图绘制 1

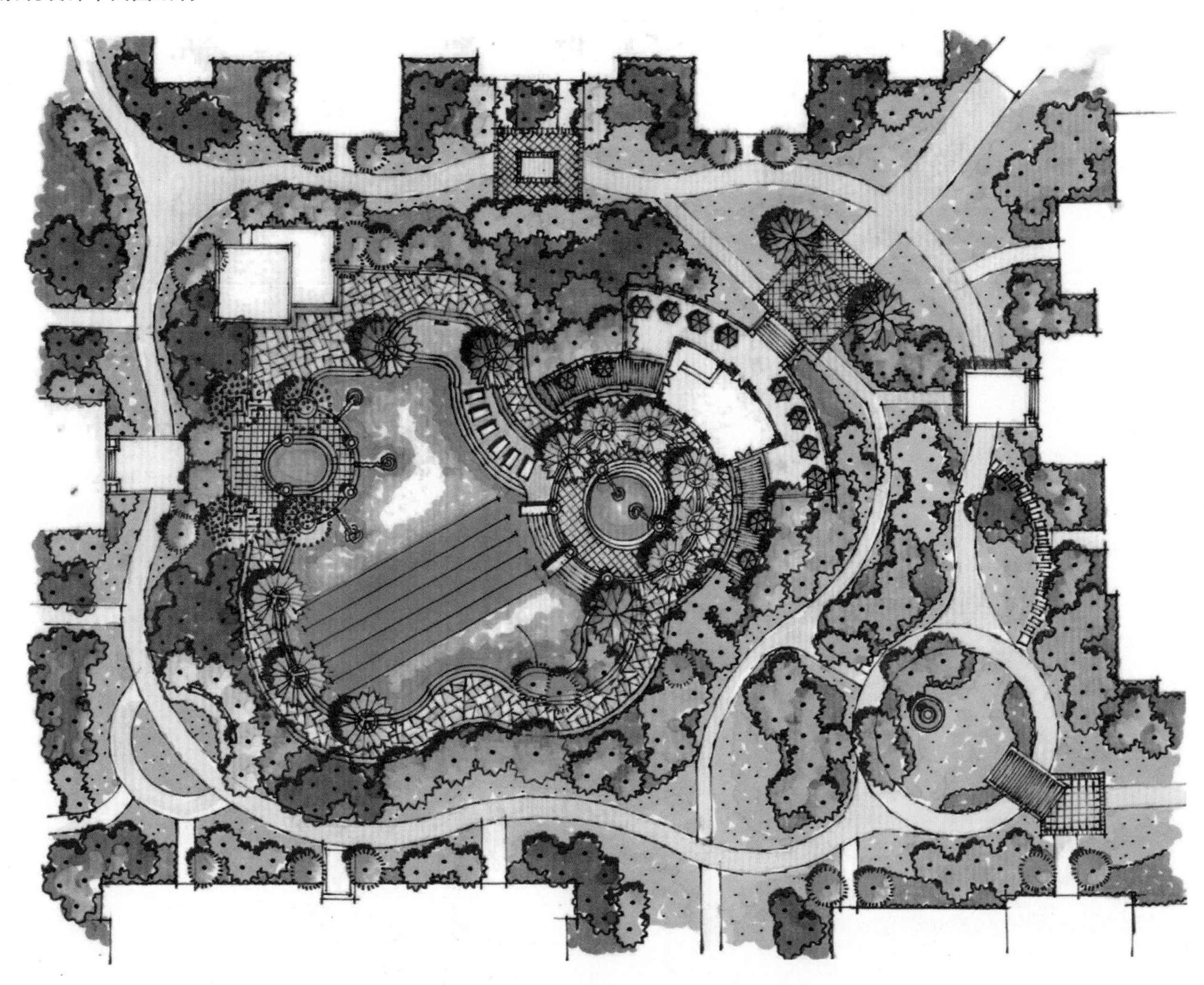

住宅自然岸线泳池，其岸线应平滑流畅，无明显直线段，曲线形泳池使整体环境景观变得活泼、生动，使周边空间围绕它产生富于变化的趣味。对于泳池及道路曲线，在绘制过程中需借助专门的曲线绘图工具进行刻画。

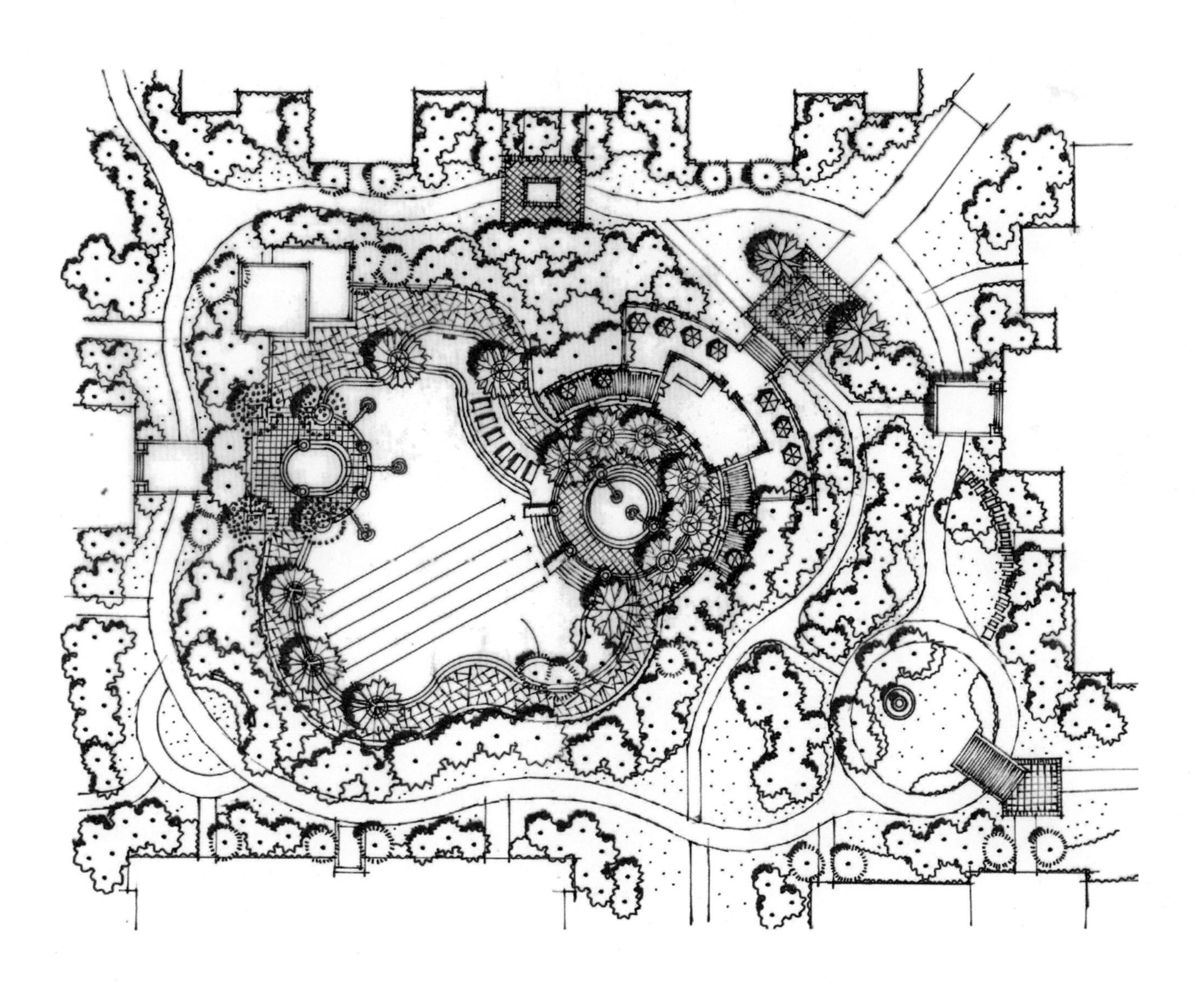

泳池的马赛克图案为泳池增加装饰美化效果。具体绘制时图案应造型清晰、可辨，比例与泳池尺度搭配适宜，色彩不宜过多和杂乱，交代清楚即可。儿童泳池一般靠近主泳池设置，便于大人照看，泳池周边需要布置一定数量的躺椅，可适当进行刻画。

住宅泳池景观设计平面图绘制 2

自由式泳池，其水系连成一体，或借用远处的山景相融，或利用水的元素形成山水相连的意境，很好地融合于环境之中，可以借助周边环境来对其进行刻画，以反衬的方式来突显。自由式泳池与会所室内泳池相连，强调视觉的开阔、畅通，而曲线的流畅也带来生动的效果，力图营造出动态的、休闲的氛围。

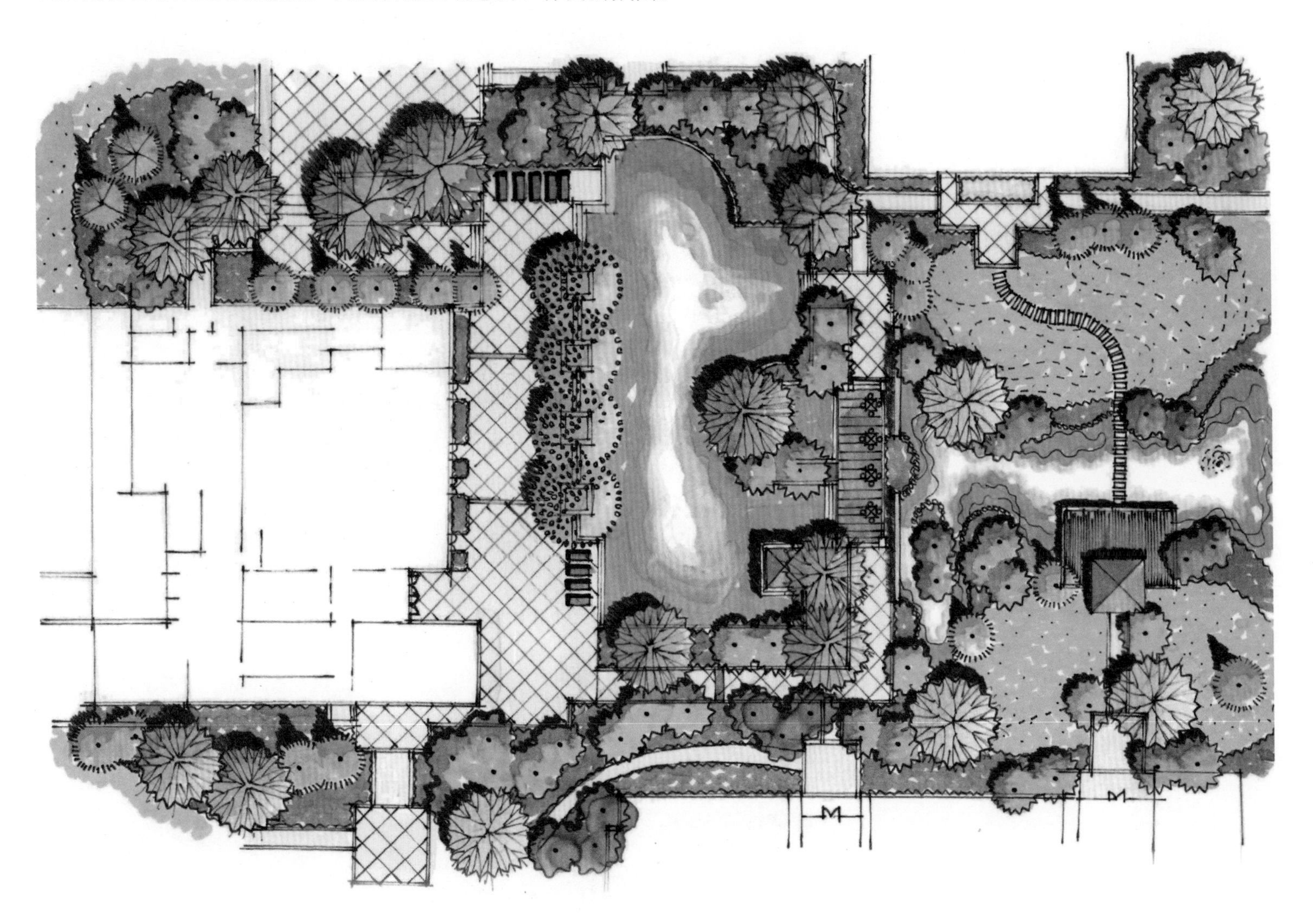

通过反衬的手法来刻画泳池，方法是将泳池周边环境进行着重刻画，此时泳池本身只需建立在线稿的基础上快速表现出来。

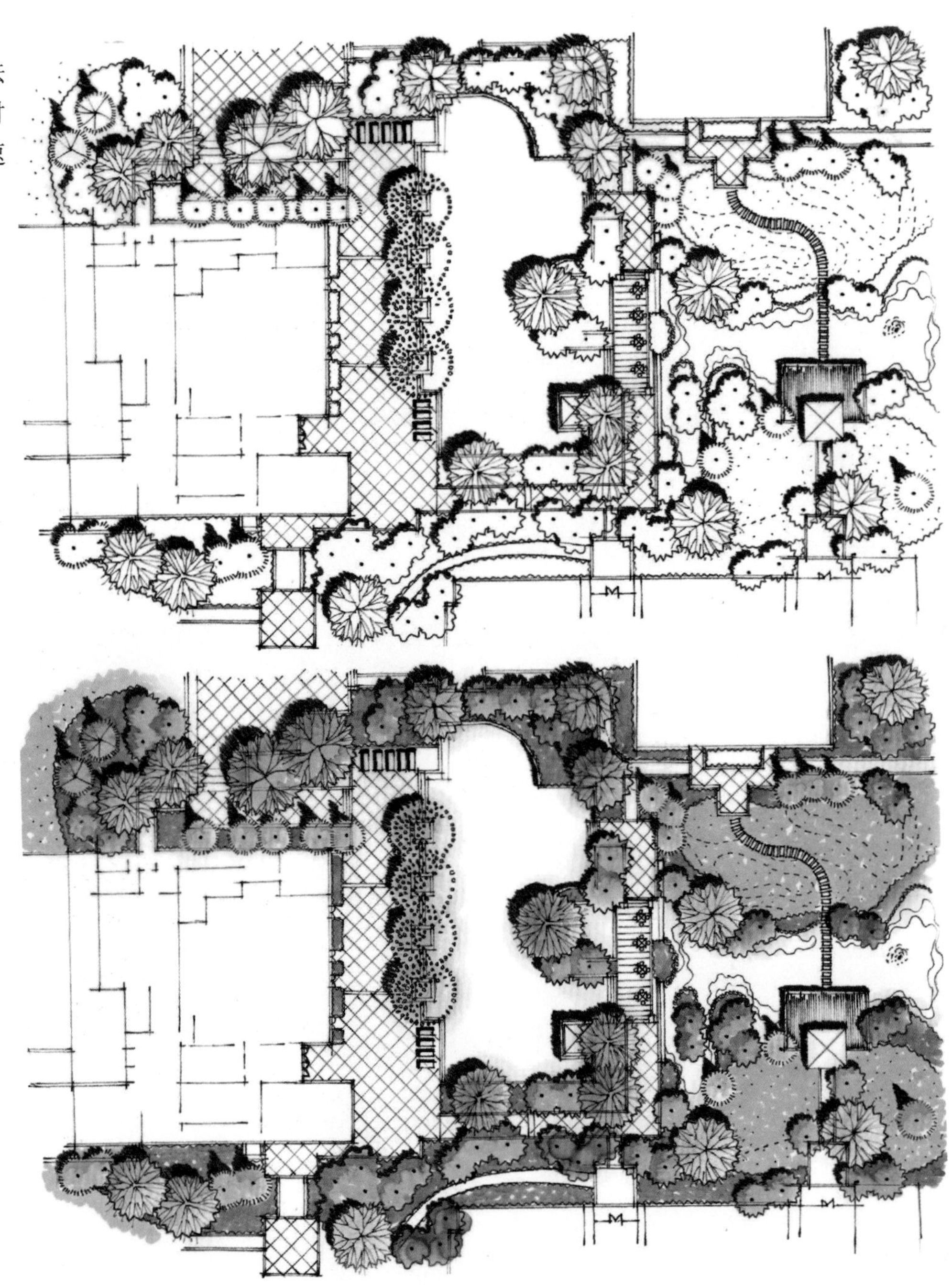

住宅泳池景观设计平面图绘制 3

规则式泳池具有对称、静态的视觉感受，给人以稳定的心理暗示。可以对其进行中轴线对称的景观视觉焦点处理，并与池底铺装一并刻画，形成视觉中心。

住宅泳池景观设计平面图绘制 4

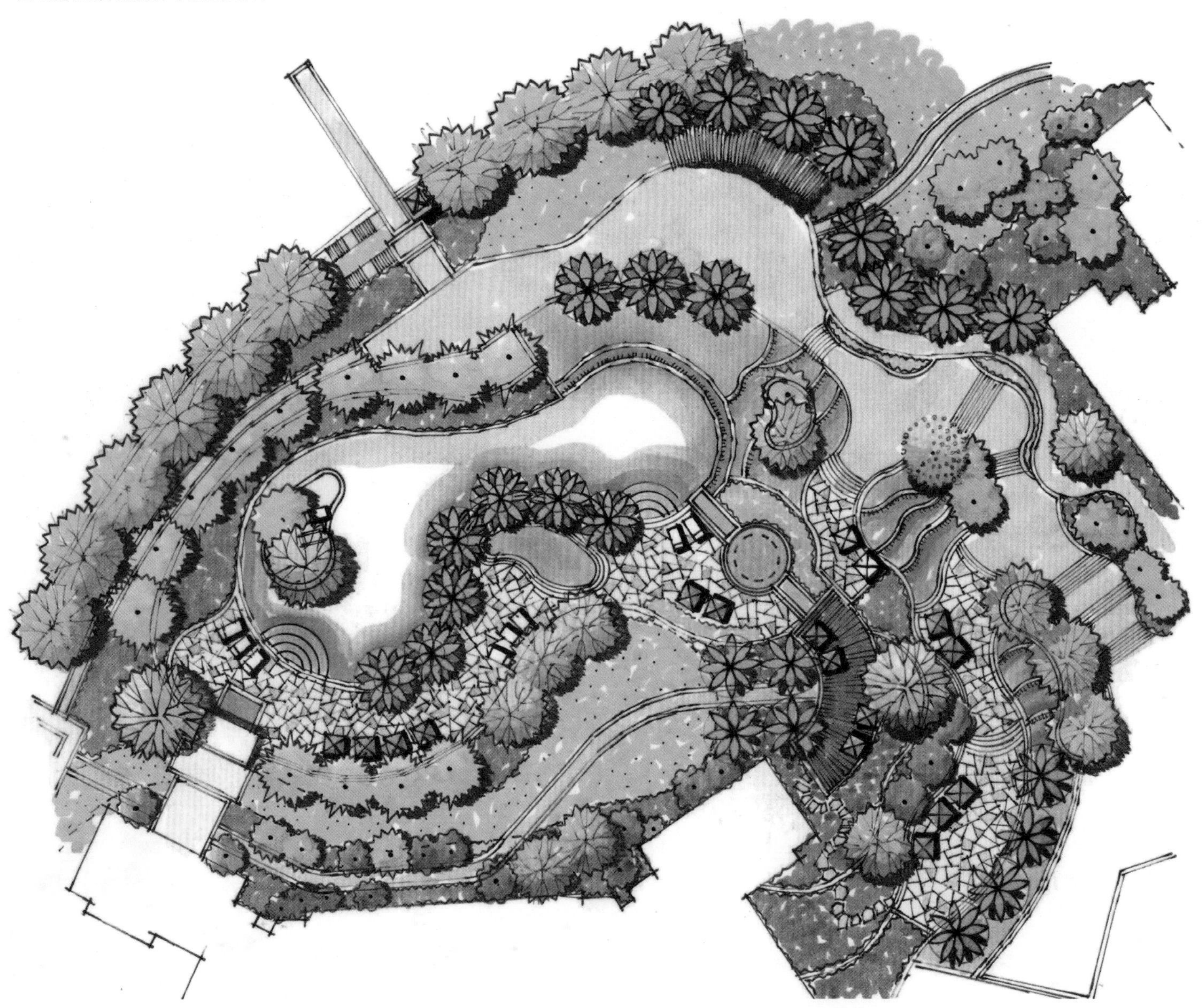

针对水域面积较大、水体高低起伏明显的泳池，需刻画好其水域投影面大小，投影面大，代表两者高差明显；投影面小，表明两者高差相似。通过投影面的大小来反映被刻画空间的相对高差信息。

住宅泳池景观设计平面图绘制 5

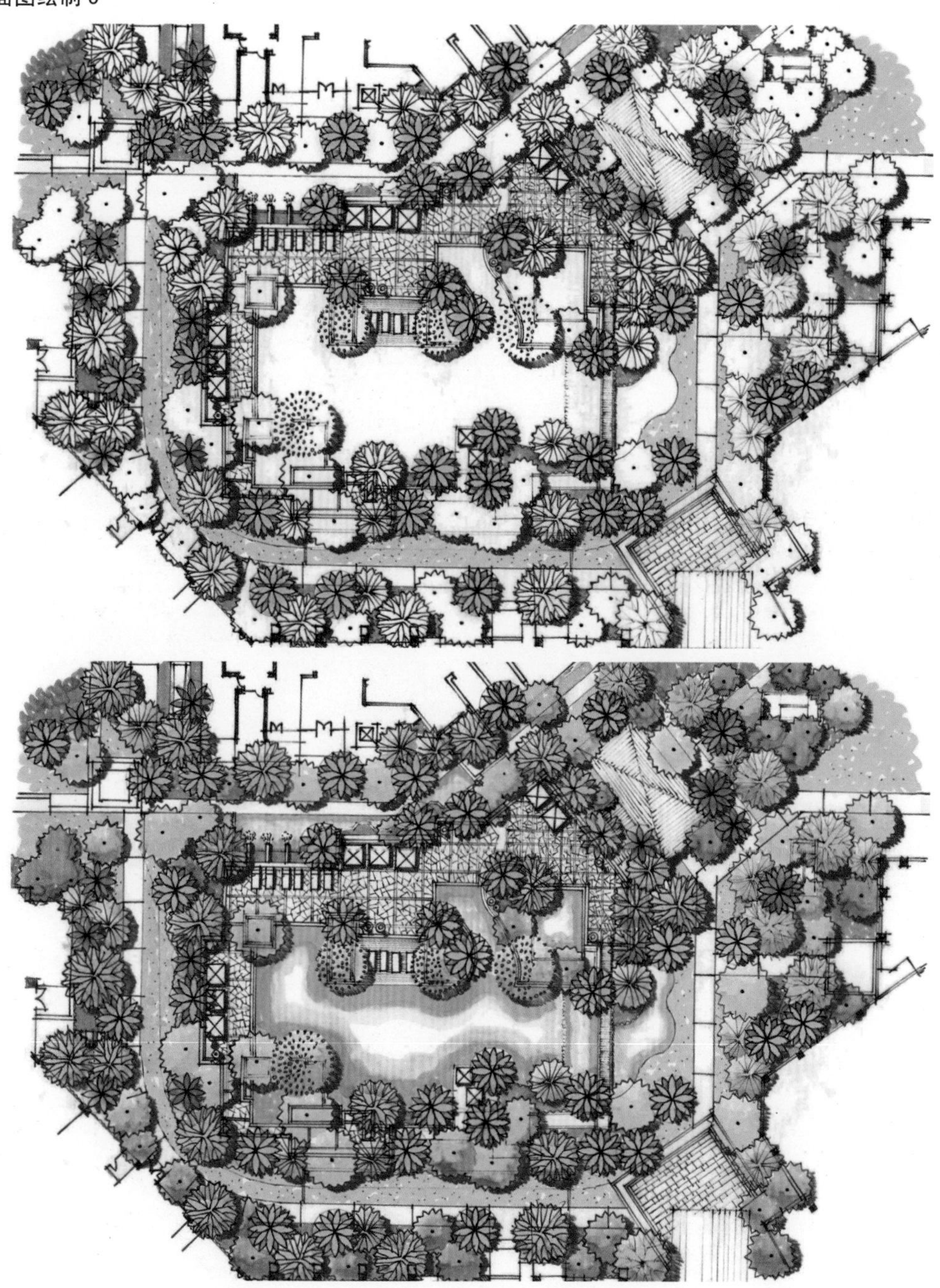

住宅泳池景观设计平面图绘制 6

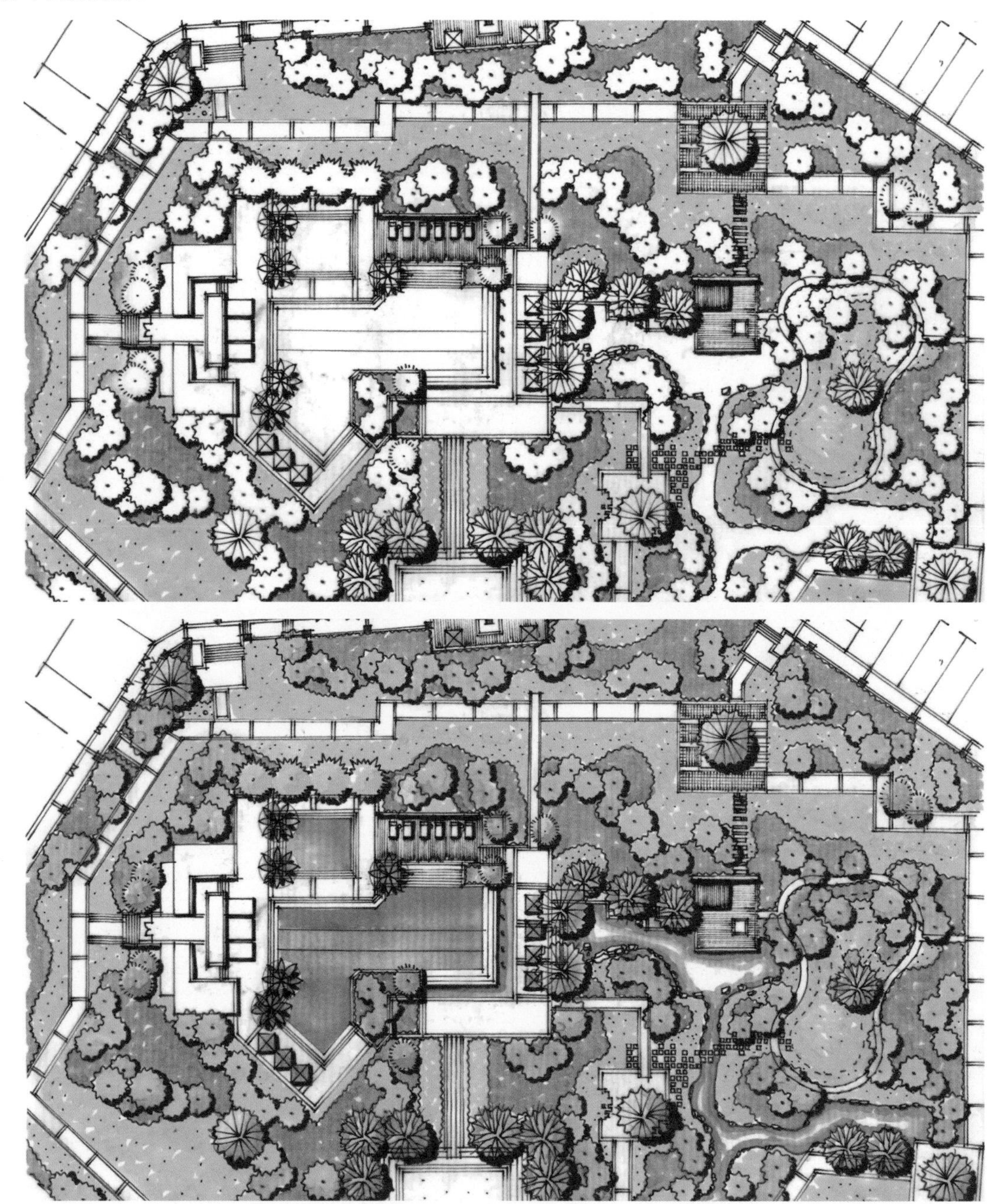

景观设计马克笔透视图绘制技法

景观透视图是设计师表达自身设计思想和理念的基本工具及有效途径，也是设计师彰显设计素养，体现设计手法与灵魂的有效载体，同时是与业主沟通设计意图的工程技术语言，其是设计师综合实力的外在体现。一幅好的景观透视图作品不仅是图示思维的设计方式，还可产生多种多样的艺术效果和文化空间，其表现过程是扎实的设计基本功的具体运用与体现。

4.1 入口空间景观透视图绘制步骤

在景观透视图线稿部分，我们需要关注的是用简洁明确的线条刻画清楚每个被刻画物体的典型特征，在这个基础上，着重刻画视觉中心部分，可以采取明暗投影的方式来突出被刻画的中心物体。圆形要素和汽车一般都是图面中比较难以刻画的对象，在绘制过程中，需以空间体块的思维想好其透视特征，从而方便我们准确地对其进行刻画。

入口空间景观透视图 1

着色时首先需明确画面整体基本色调搭配，进而挑选自己常用的马克笔品牌色号，然后选择从草坪、灌木、乔木开始着色，其着色次序与平面图着色次序相似。因浅颜色覆盖能力相对较弱，便于后期二次叠加和更改，着色时先从主色调、浅颜色、大面积进行铺色，然后是深颜色，在铺色过程中注意色彩的变化、近景与远景的色彩对比，拉深画面空间感。

绿地刻画完毕后，可以展开地面铺装、水景、设施、人物、阴影着色。因植物的整体颜色以冷色调绿色为主，适当点缀暖黄色，所以铺装等环境色调需注意色彩及明暗变化与绿地等软景的相互融合、对比。不同的铺装纹理采取色调的邻近色变化、天空与铺装采取冷暖色调的对比、人物服装穿插点缀色的运用、阴影紫灰重色的添加，都使得画面更加沉稳、有层次，最终达到设计所表达的效果。

入口空间景观透视图 2

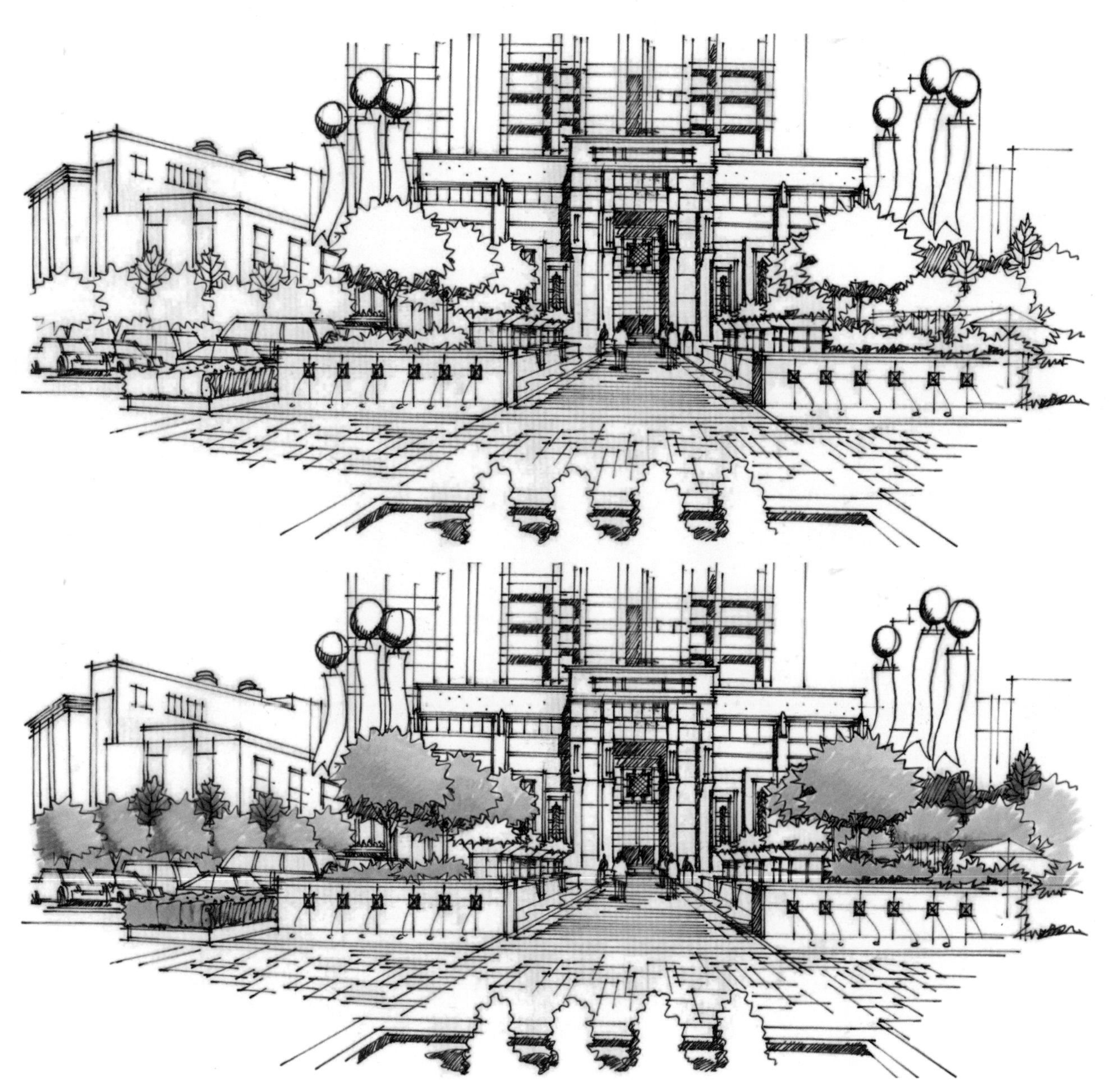

景观透视线稿刻画的要点是，画面整体构图大小适中，透视类型准确无歧义，单个物体造型比例协调，被刻画对象整体主次分明，线条流畅及能够明确体现设计意图，达到这些要求马克笔着色效果会更加出彩。建议初学者把原稿复印，然后再用复印稿去着色，这样可以把原稿保存起来，同时可以随时研究不同的着色方式、色彩搭配。

由草坪、灌木、乔木依次展开刻画。进行乔木着色时，应注意乔木与灌木之间色彩的衔接过渡，尤其是从暖色到冷色，从主色到附属色的过程。着色过程中要注意马克笔笔触的粗细、轻重急缓，这关系到色彩的细微变化，同时要注意暖色与冷色之间的比例、位置关系，从而表达出设计空间氛围感。

入口空间景观透视图 3

入口空间景观透视图 4

4.2 住宅空间景观透视图绘制步骤

住宅空间透视图主要不是表现建筑物，而是以室外绿化环境作为主景。其所表现的对象主要是树木花草、山石水景、园路以及建筑小品等。景观设计师在画面上往往着重于环境的表现。从广义上讲，以景观建筑为主的透视图也属于景观空间透视图。山石水体、树木花草只有大体的尺寸和形状，不能完全借助于绘图工具。因此，住宅景观透视图只是一张近似的效果图，与建筑透视相比，具有一定的灵活性和夸张性。

住宅空间景观透视图 1

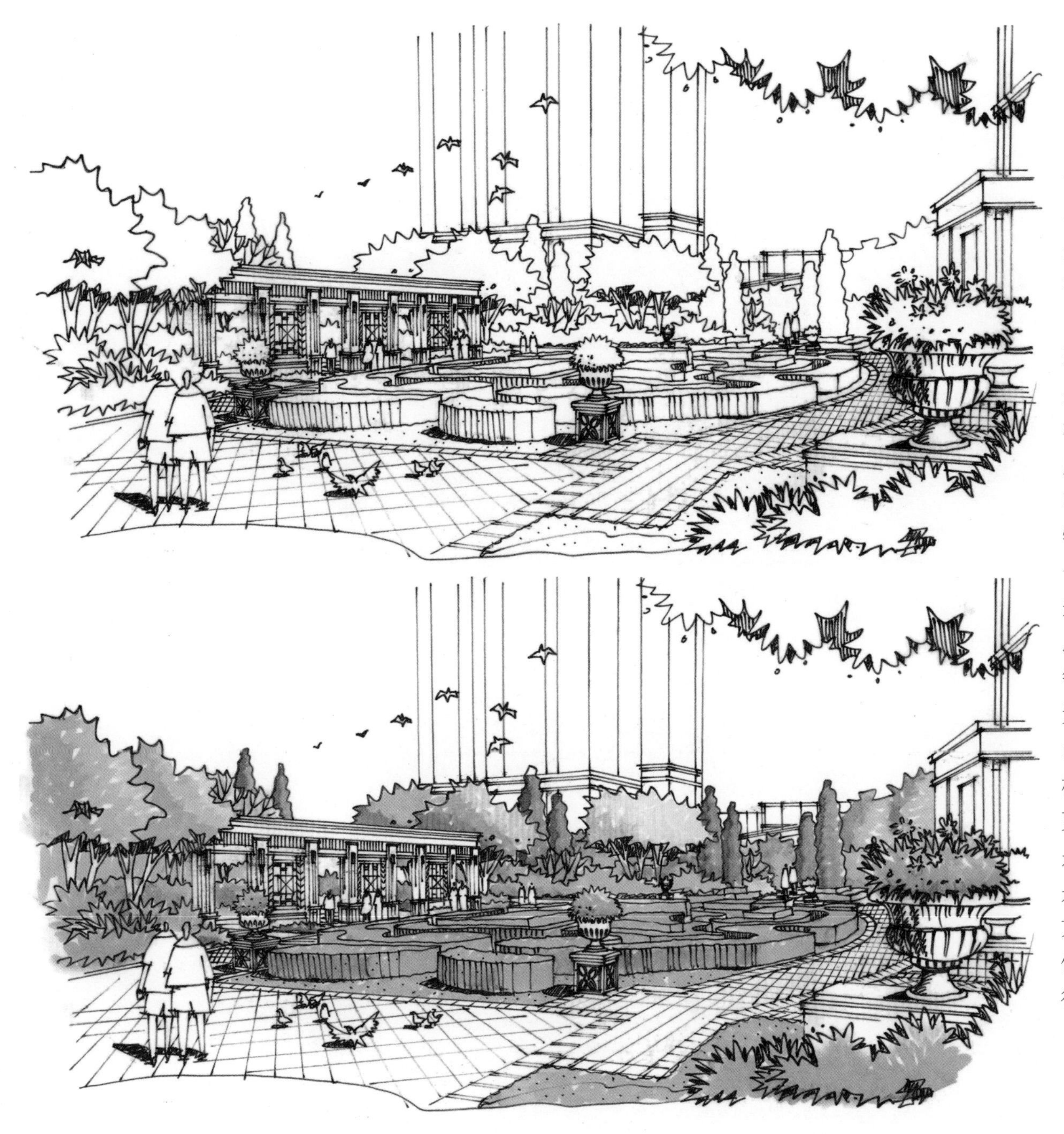

绘制住宅空间透视图应注意以下问题。在一张画面上的构图一般应有三个层次，即近景、中景和远景，从透视角度分析，不同距离的树木表现和刻画的深度是不同的。近景树木不宜多，但应细致刻画出枝叶、树干纹理等特点，近景花草也应仔细勾画出来。远景多以树丛、云山、天空等来衬托，远山无山脚，只表现山势起伏，远景树只需画出轮廓剪影。中景经常是画面重点区，是重点描绘的地方。设计师可以依据画面需求进行组织。

住宅空间景观透视图 2

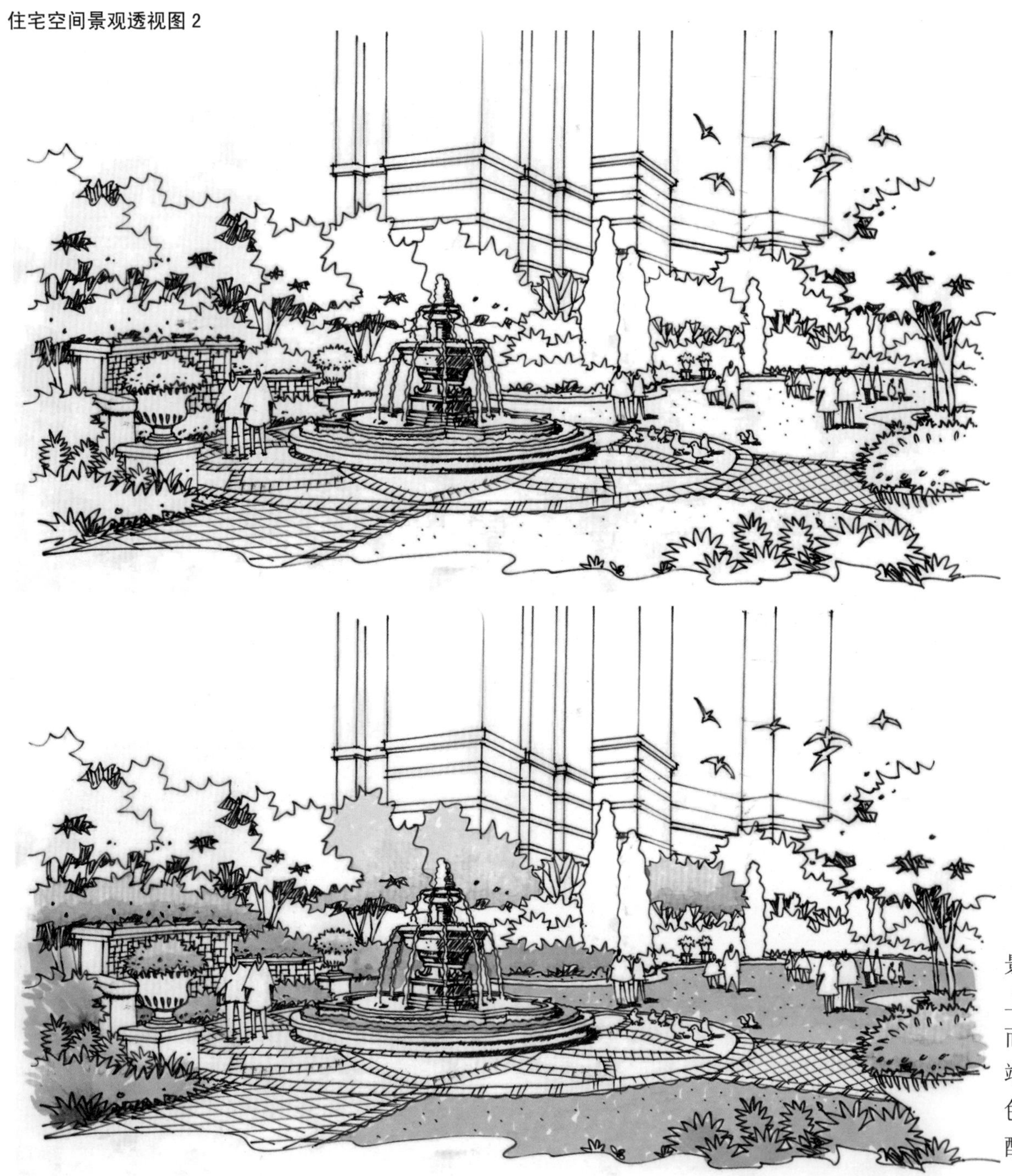

处于画面前端的配景花草通常采取从下往上进行连续无间隙运笔，而其属于受光面的顶上端可以适当点缀一些红色或黄色，使之颜色搭配在统一中富有变化。

画面中的乔木大部分采取绿色系进行绘制，只有处在视觉中心附近的乔木采取黄色或红色的暖色系来进行刻画，以形成视觉中心，衬托主体物。而乔木的暗面会根据需要加一些蓝色的反光，使之更加通透具有立体感。

住宅空间景观透视图 3

在整个画面的安排上，应注意使画面符合多样统一等构图法则的要求。重复、雷同、等分画面、轻重失调等都是初学者易犯的错误。

画面中靠左右两边的框景乔木，是营造画面空间感的较好要素，其树枝和树冠的刻画是由两边向画面中心围合，并注意在润色的过程中对乔木上端进行留白。

住宅空间景观透视图 4

马克笔线稿在讲究简洁概括的同时，其对整个空间的透视要求非常严格。其目的一是可以在上色时尽可能随意发挥，方便上色后做后期塑形调整；二是在线稿稳定的基础上更加突出色彩，使画面主次更明显，层次更丰富。空间内各构成元素比例准确和谐，是一个好的马克笔上色线稿不可或缺的组成部分。

4.3 滨水空间景观透视图绘制步骤

住区滨水空间是小区重要的典型生态交错空间，是构建小区公共开放空间的重要部分，住区滨水景观不仅可以美化住宅环境，还可以形成住宅内生态系统，调节局部小气候，成为住区中最具活力的地区之一。在进行住区滨水空间景观设计时，应将水的阴柔与湖泊的伟岸、水的灵动与园林植物的灵性之美巧妙结合起来，并借助一定的设计图示语言表达出来，如景观空间序列的编排、景观主体结构的设计、景观理念的提取及景观文化特质的传承等。

滨水空间景观透视图 1

水面的颜色，通常采用深蓝色和浅蓝色进行分区绘制，然后通过湿画法对颜色较深部分进行推开和退晕。值得注意的是，马克笔笔触需顺着水的波纹进行展开，靠近岸边的颜色较重，靠近中间的颜色相对较浅。同时，为了使画面更加丰富有趣，还可以在刻画水的过程中点缀一些紫色、绿色及局部留白。

滨水空间景观透视图 2

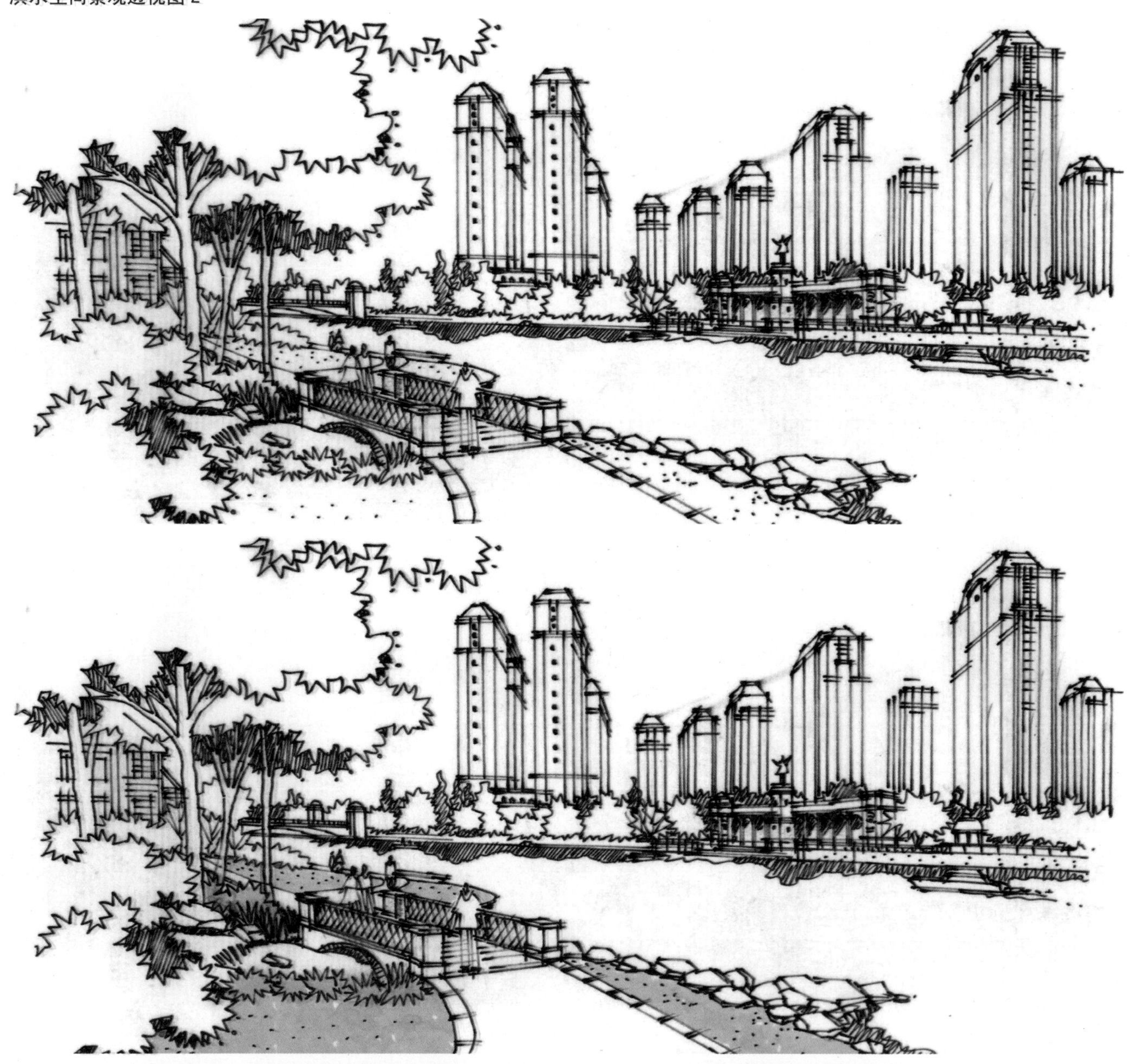

画面前景的处理，对画面整体效果起着决定性作用，在线稿及上马克的前景刻画过程中其特征应是自由有弹性，并且细节丰富，能够活跃整个空间场景。

一般在画面中位置比较靠后的乔木或建筑物，其所采用的颜色是相对比较暗淡，可以依据其透视走向和形体特征进行快速上色，使之与前景和中景进行对比，丰富画面场景。

滨水空间景观透视图 3

滨水空间景观透视图 4

4.4 别墅区庭院景观透视图绘制步骤

别墅区室外庭院是一个外边封闭而中心开敞的较为私密的空间，其有着强烈的场所感，承载着诸多社会活动，为紧张工作的人们在城市中提供了一片自我休憩娱乐的净土。浇花剪草时可以享受阳光的照射、清新的空气、花草的芳香，娱乐时可以感受休憩设施的舒适和放松、观赏花草树木的自然美、倾听流水的声音。别墅庭院有多种不同的风格，一般根据业主的喜好确定其基本样式。别墅区庭院的样式可简单地分为规则式和自然式两大类。

别墅区庭院景观透视图 1

别墅区庭院中的园路主要突出窄、幽、雅。窄是庭院园路的主要特点，因为服务的对象主要是家庭成员及亲朋等；幽是通过曲折的造型，使人们产生错觉，感觉幽深，使庭院突显宽旷；雅是庭园的最高境界，能做到多而不乱，少而不空，既能欣赏又很实用。

园路的线形设计应与地形、水体、植物、建筑物、铺装场地及其他设施结合，形成完整的风景构图，创造连续展示园林景观的空间或欣赏前方景物的透视线。园路的线形设计应主次分明、疏密有致、曲折有序。为了组织风景，应延长步行路线，扩大空间，使园路在空间上有适当的曲折。较好的设计是根据地形的起伏和周围功能的要求，使主路与水面若即若离，把路作为景的一部分来创造。园路的布置应根据需要有疏有密并切忌互相平等，但曲线不能像直线那样易于运用，适当的曲线能使人们从紧张的气氛中解放出来，而获得安适的美感。

别墅区庭院景观透视图 2

别墅园路的入口起到引导人们进入庭院的作用。一个成功的入口设计在引导人们前进的同时，还会营造出不同的气氛，在园路中途设置的广场为人们提供了一个欣赏景色、中途休息以及改变行走方向的地方。因为庭院道路有着表达设计意图的作用，所以，铺装园路的材料形式与质地十分重要。直线、弯角、几何形体现规则式设计的意图。而自然曲线、疏松的铺装和一些不规则的形体以及自然的设计方式则表现了非规则式设计的特点。在马克笔着色表达的过程中亦需依据刻画重点来进行表现。

无论是开阔的空间或是私密的空间，水平地面在庭院中都起着重要的作用。路面的均衡度对营造庭院气氛起着很大的作用。同一种庭院在一个区域中会显得开阔，而在另一个区域中则可能会令人感到局促。因此，不同环境路面的设计会带出不同的均衡感，在狭窄道路中出现的空地会使人产生开阔感，形成一个具舒适感的休息区。因此，在马克笔着色中需对水平地面进行良好的刻画，可以参考视平线的水平方向进行涂抹绘制。

灌木颜色的绘制，其色彩色调及明度应与草坪和乔木进行区分，通过色彩的对比产生层次递进的效果。

乔木的绘制，依据画面空间氛围的需要，对其进行简繁的处理，靠近画面中心的乔木需进行详细刻画，甚至是对色调进行大的变动，而离中心比较远的乔木，则可以简单带过。

马克笔着色完成后的别墅室外空间场景应主次突出，画面空间进深感强，同时在刻画过程中有所取舍，通过局部留白的处理来形成明显的空间反差，最终营造出场所所需要的空间氛围。

别墅区庭院景观透视图 3

在别墅区庭院景观中的小品经常有假山、凉亭、花架、雕塑、桌凳等各种摆设物品。一般这些小品的体量都不大，但在庭院中能起到画龙点睛的效果。其无论是依附于景物或者是相对独立，均是由艺术加工精心琢磨，能够适合庭院特定的环境，形成剪裁得体、配置得宜、相得益彰的园林景致。恰当地运用小品可以把周围环境和外界景色组织起来，使庭院的意境更生动，更富有诗情画意。这些小品往往也会成为透视空间的画面中心，需进行重点刻画。

园亭体量小，平面严谨。自点状伞亭起，其外观形态可以为三角、正方、长方、六角、八角以至圆形、海棠形、扇形，由简单而复杂，基本上都是规则几何形体，或再加以组合变形。其也可以和其他园林建筑如花架、长廊、水榭组合成一组建筑。

园亭的平面组成比较简单，除柱子、坐凳（椅）、栏杆，有时也有一段墙体、桌、碑、井、镜、匾等。而园亭的立面，则因款式的不同有很大的差异。

园亭的立面可以分成几种类型，如中国古典、西洋古典传统式样。这是决定园亭风格款式的主要因素。各种类型都有程式可依，施工十分繁复。现代风格园亭则具有平顶、斜坡、曲线等式样，屋面变化造型较多。如做成折板、弧形、波浪形，或者采用新型建材来强调某一部分构件和装修，丰富园亭外立面。

别墅区庭院景观透视图 4

水是许多别墅区造景不可缺的要素，它可以与别墅区中的一切元素共同组成一幅美丽的水景图。

别墅区中水的用途非常广泛，可以粗略归纳为以下三个方面。一是作为景观主体。如喷泉、瀑布、池塘等，都以水体为题材，形成别墅重要的构景要素，也引发无穷尽的诗情画意。二是改善庭院环境，调节气候，控制噪声。三是提供庭院观赏性水生动物和植物的生长条件，为生物多样性创造必需的环境。如各种水生植物荷、莲、芦苇等的种植和天鹅、鸳鸯、锦鲤鱼等的饲养。

4.5 公园景观透视图绘制步骤

公园是城市绿地系统中最能体现城市绿地诸项功能的绿地类型，它以游憩功能为主要特征，兼具景观、生态、教育、减灾等功能。公园绿地对改善城市环境、提高居民生活质量及塑造城市形象等具有重要作用，其结构和布局能够对城市绿地景观乃至整个城市景观风貌产生重要影响。

公园景观透视图 1

在公园景观透视图绘制中，水是活跃画面氛围的重要元素，也是人们经常的聚集地所在。在水的刻画过程中，始终需要注意其水流的方向应与人眼的视平线方向保持一致，只有这样其透视才不会出错，引导画面的整体构图。

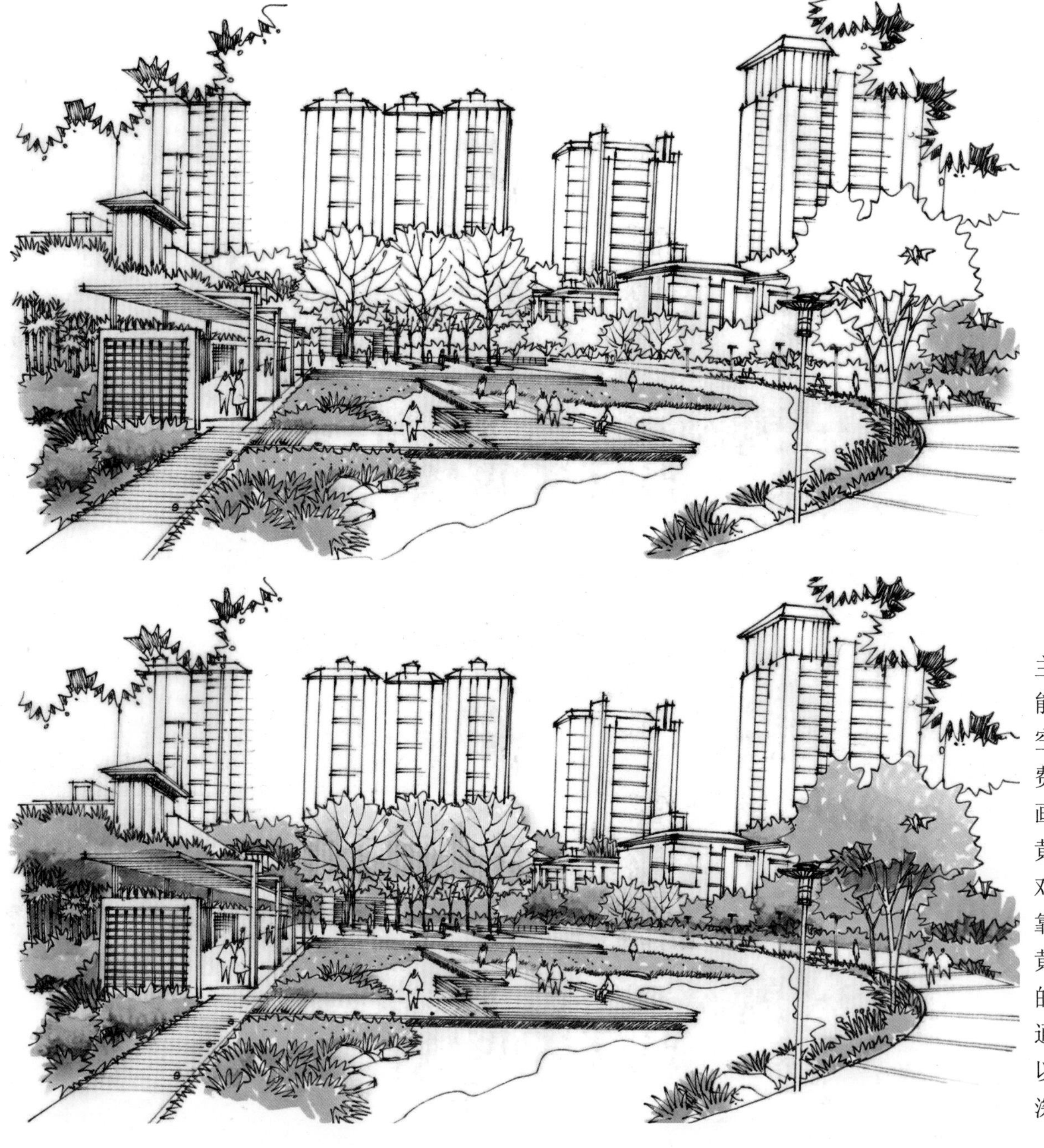

草地虽然不是主景，但为了画面能够营造出良好的空间氛围，需要花费笔墨对其进行刻画。采取偏蓝及偏黄两种不同的绿色对草地进行刻画，靠近中心的草地偏黄偏暖、靠近四周的草地偏暗偏冷。通过处理，草地可以被塑造出空间进深的效果。

前景的乔木用偏蓝的色调来沉稳画面，中景的树木用蓝紫色来处理暗部，亮部偏黄，同时注意留白，黄色和红色树起到点缀的作用。远景的树，可以通过蓝紫色掩住，一带而过。

公园景观透视图 2

前景植物同样采取偏蓝的色调来沉稳画面，中间植物采取偏黄的色调和前后景色进行区分，后景采取直接墨蓝色一笔带过，整体画面在局部点缀红色，起到活泼画面的作用。

大面积的水采用深蓝色和淡蓝色相互柔和叠加，水面中心进行留白，如需要丰富的效果，可用笔触增添模拟一些水纹的肌理。水的中心亦可以采取明度较高的色调，使画面整洁透亮。

公园景观透视图 3

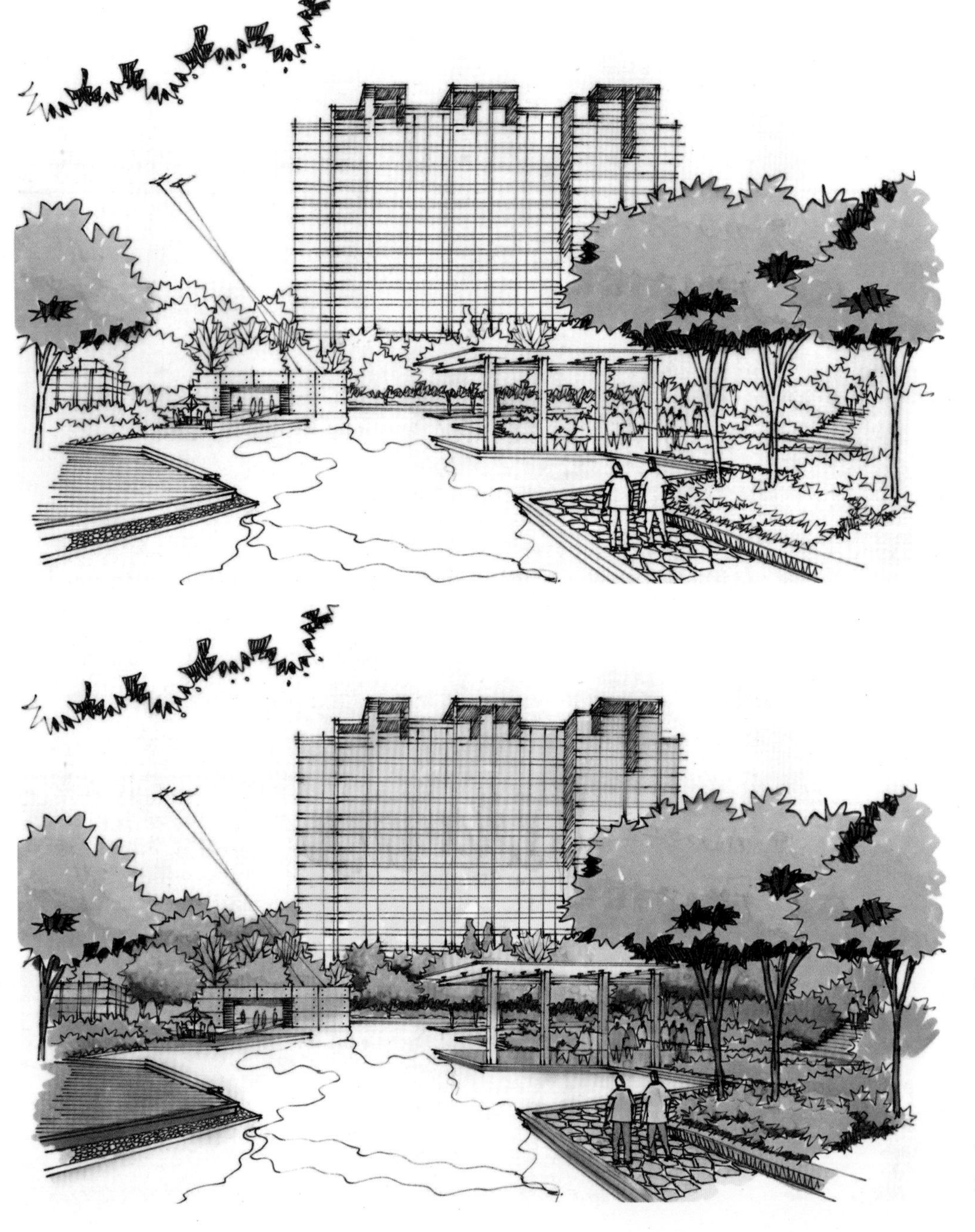

前景植物整体偏冷，后景植物整体偏暖，通过色彩冷暖的对比强调空间层次，局部进行人物的点缀。人物可以烘托场景气氛并增强物体整体空间的尺寸感，其通常会用颜色明度较高的色彩进行着色。

最后，对背景天空进行着色。对画面暗部展开进一步的处理，使整体空间更加具有立体感。

公园景观透视图 4

在处理地面的时候需黄色调中点缀一些红色，整体铺色不宜过满，否则画面比较沉闷。画面中前景和中景颜色明度较高，四周色彩过渡需柔和自然，局部应留白。一些点缀性的小品，如休息座椅、景墙等，可以用一些鲜亮的颜色，适当点景。

4.6 商业空间景观透视图绘制步骤

商业空间整体色彩往往比较鲜艳，同时人流量较大，不同年龄段人群众多，其整体色调基本以暖色为主，通过色彩的营造来诱导人们的逛街和购买行为。在具体的表达着色过程中，通常采用明度较高的颜色，同时场景中通过不同年龄段人物的刻画来突显商业街繁荣的气氛，形成商业空间活力场。

商业空间景观透视图 1

线稿部分，需通过运笔力量的大小和线条的轻重缓急来刻画出不同的物体材质特征，以及物体之间相互的转接关系。软质景观部分采取徒手作图，硬质景观部分采取尺规作图，使两者形成强烈的质感冲击，突出各自特征。

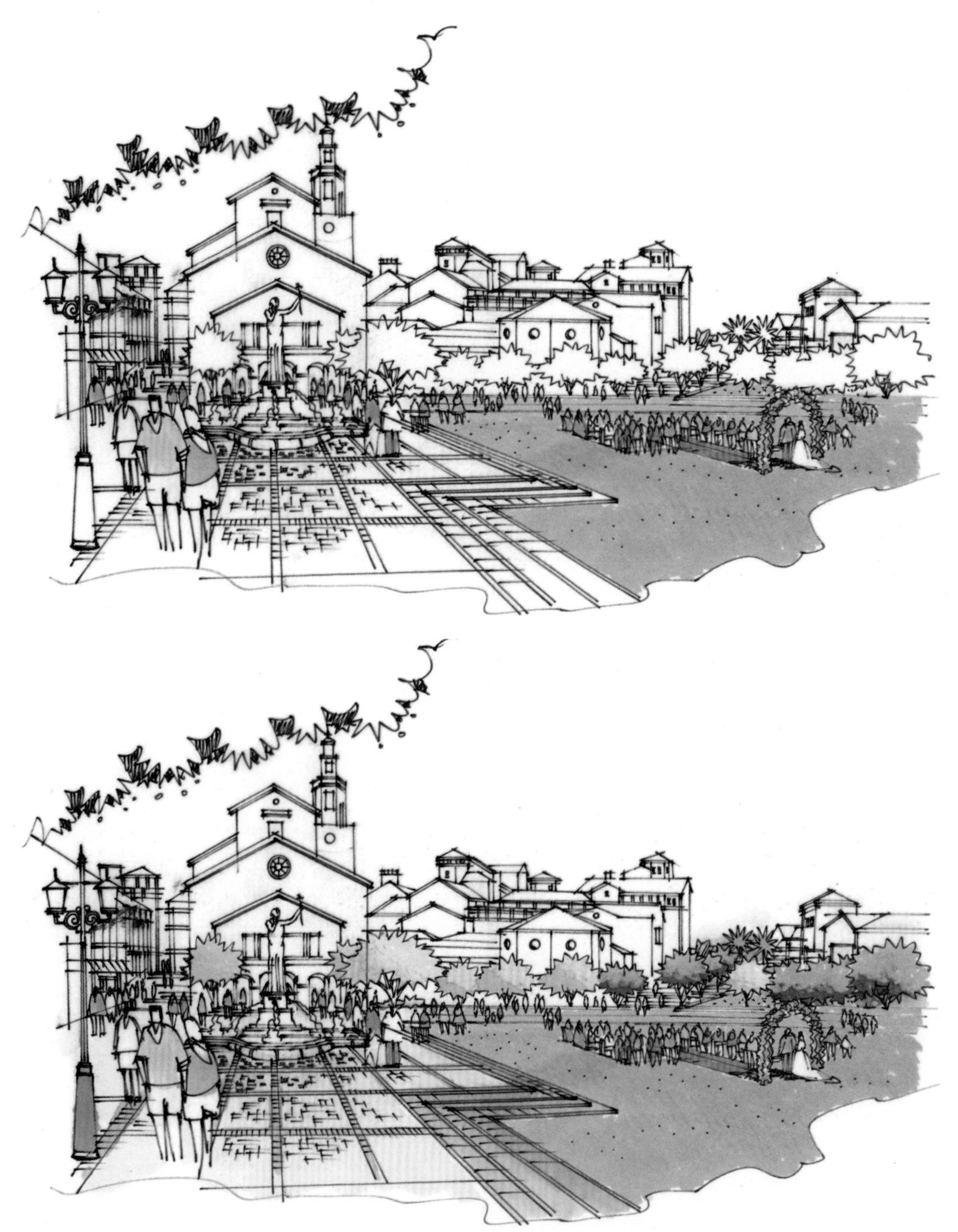

从草地开始进行着色，草地的前半部分采取偏蓝的绿色，后半部分采取偏黄的绿色，整体色调由冷到暖产生空间的递进，其中间色调则自然叠加过渡。

建筑背景和天空采取大块面进行涂抹绘制。需要指出的是，如前景和天空都是冷色为主，则其建筑整体色调为暖色；如前景和天空是以偏暖色为主，则其建筑整体色调为冷色。

商业空间景观透视图 2

通过线条的快速刻画，形成场所基本空间感，突出其视觉中心。依据光影的投射规律，对物体暗部进行投影处理，使场所立体效果更加明显。

商业空间景观透视图 3

从背景及建筑幕墙开始展开马克笔的绘制，借助铺装的暖色与周边雕塑进行呼应，以同冷色系的背景，对玻璃幕墙进行区分。

画面中局部的刻意留白给整个空间场景增添了活力。

商业空间景观透视图 4

弧形和复杂的单体（如汽车）往往会成为线稿成败的关键，需要经常对其进行针对性的训练。

采取软质景观以冷色调为主，硬质景观以暖色调为主的方式展开物体的刻画，进而形成画面感鲜明的空间场景。

参考文献

[1] 郑志元著．建筑速写实用技法．北京：化学工业出版社，2014.
[2] 韩国建筑世界出版社，胡翠月．2011 国际景观设计获奖作品集锦．大连：大连理工大学出版社，2011.
[3] 景观设计杂志社．全球经典景观设计探索集锦．大连：大连理工大学出版社，2011.
[4] 加拿大奥雅景观规划设计事务所编．全程化的景观设计．武汉：华中科技大学出版社，2010.
[5] 李建伟，EDSAOrient 编．景观之道：景观设计理念与实践．北京：中国水利水电出版社，2008.
[6] 来拓手绘编著．手绘表现应用手册．北京：中国青年出版社，2011.
[7] 奥雅设计集团编著．铸造精品：奥雅新中式景观设计的理论与实践．武汉：华中科技大学出版社，2014.
[8] 杨锋著．中国景观 TOP50. 南京：江苏人民出版社，2011.
[9] 国际园林景观规划设计行业协会编．2012 中国国际景观规划设计获奖作品精选．北京：中国林业出版社，2012.
[10] 张亚萍，梅洛编著．景观场所设计 500 例——街头绿地．北京：中国电力出版社，2014.
[11] 凤凰空间・上海编．景观规划表现大赏——公共景观（上、下）．南京：江苏人民出版社，2011.
[12] 凤凰空间・上海编．景观规划表现大赏——住区景观（上、下）．南京：江苏人民出版社，2011.
[13] 泛亚国际编．居里空间 & 城设维度——泛亚国际．南京：江苏人民出版社，2012.